科学出版社"十四五"普通高等教[illegible]教材

甲壳动物学[illegible]指导

王春琳　主　编

母昌考　副主编

科学出版社

北　京

内 容 简 介

本书在参考《甲壳动物学》（下册）的基础上，结合国内外经济甲壳动物胚胎发育等相关的研究进展编写而成。全书内容包括甲壳动物的形态及解剖、常见甲壳动物的分类及鉴别、常见甲壳动物的发育过程观察、创新性及综合性实验 4 部分。本书的创新性及综合性实验部分是参考目前经济虾蟹人工选育和生长性能测定中经常碰到的一些具体操作而设定的，具有较强的现实意义。

本书可供水产养殖、动物学和海洋生物学相关专业选修甲壳动物学课程的学生使用，也可供从事经济甲壳动物开发利用的科研和生产技术人员参考。

图书在版编目（CIP）数据

甲壳动物学实验指导 / 王春琳主编．—北京：科学出版社，2022.10

科学出版社“十四五”普通高等教育本科规划教材

ISBN 978-7-03-073540-9

Ⅰ．①甲… Ⅱ．①王… Ⅲ．①甲壳纲-动物学-实验-高等学校-教材 Ⅳ．①Q959.223-33

中国版本图书馆 CIP 数据核字（2022）第 192147 号

责任编辑：刘 丹 王玉时 韩书云 / 责任校对：杨 赛
责任印制：张 伟 / 封面设计：蓝正设计

科学出版社 出版
北京东黄城根北街 16 号
邮政编码：100717
http://www.sciencep.com
北京凌奇印刷有限责任公司 印刷
科学出版社发行 各地新华书店经销
*
2022 年 10 月第 一 版 开本：720×1000 1/16
2023 年 10 月第二次印刷 印张：6 1/4
字数：126 000

定价：29.80 元

（如有印装质量问题，我社负责调换）

《甲壳动物学实验指导》编写人员

主　　编：王春琳（宁波大学）

副 主 编：母昌考（宁波大学）

其他编委（按姓氏笔画排序）：

王丹丽（宁波大学）

朱春华（广东海洋大学）

李荣华（宁波大学）

吴旭干（上海海洋大学）

林　霞（宁波大学）

高　强（浙江省淡水水产研究所）

蒋霞敏（宁波大学）

前　言

甲壳动物学是研究甲壳动物形态与分类、内部结构、个体发育的科学，是动物科学的一个重要分支。该课程是水产养殖及相关专业开设的一门专业选修课。本书是配合该专业课程编写的实验教材，是培养高素质水产专业人才的一个重要组成部分。实验教学训练能够使学生熟练掌握甲壳动物相关的基础知识，增强学生对甲壳动物的认识，为今后从事水产养殖（包括经济甲壳类的利用）相关工作打下坚实的基础。

本书共4部分，第一部分为甲壳动物的形态及解剖，主要是常见甲壳动物形态和内部结构观察；第二部分为常见甲壳动物的分类及鉴别；第三部分为常见甲壳动物的发育过程观察；第四部分为创新性及综合性实验。本书主要适用对象为水产养殖、动物学和海洋生物学相关专业选修甲壳动物学课程的学生，也可供从事经济甲壳动物开发利用的科研和生产技术人员参考。

本书是由宁波大学、上海海洋大学和广东海洋大学3所高等院校和浙江省淡水水产研究所的甲壳动物学相关专业的教师和一线研究人员合作编写而成的，由王春琳教授担任主编。编者都是多年从事甲壳动物学教学和科研的教授、博士，有着丰富的教学经验和一定的科研理论水平，本书是他们多年辛勤耕耘的结晶。其中，实验一、实验二、实验三、实验五、实验八、实验十一和实验二十四由宁波大学王春琳负责编写，实验四和实验九由广东海洋大学朱春华负责编写，实验六由宁波大学林霞负责编写，实验七、实验十三和实验二十二由宁波大学王丹丽负责编写，实验十、实验十八、实验十九、实验二十五和实验二十六由宁波大学母昌考负责编写，实验十二、实验十四、实验二十一和实验二十三由宁波大学蒋霞敏负责编写，实验十五和实验十七由宁波大学李荣华负责编写，实验十六由浙江省淡水水产研究所高强负责编写，实验二十由上海海洋大学吴旭干负责编写。本书所用照片和插图，一部分为编者近年所拍摄或绘制，还有一部分引自相关研究论文、专著等资料，在此向相关照片和插图的作者致以真诚的谢意！全书由王春琳统稿，蒋霞敏、母昌考等多次参与修改。本书的出版得到了教育部特色专业项目资助，在此表示衷心的感谢！

本书为了内容的系统性和便于学习者使用，从外形及分类、内部结构、生长发育等不同侧面进行编写；为提高学生的综合能力，增加了创新性及综合性实验内容。但由于编者能力和水平有限，难免有不足之处，恳切希望同行和广大读者提出批评和建议，以便改版时修改完善。

编　者

2022年9月

前　言

目　　录

第一部分　甲壳动物的形态及解剖

实验一　蔓足类的形态及解剖

一、目的及要求

通过对龟足、网纹藤壶外形的观察及内部结构的解剖，了解蔓足类动物的特征，并理解有柄蔓足类与无柄蔓足类的异同点。

二、实验材料和用具

1. **实验用具**　解剖盘（白瓷盘），解剖刀，剪刀，镊子，解剖针，培养皿，载玻片，光学显微镜，解剖镜，放大镜等。

2. **实验材料**　龟足与网纹藤壶（若采集不到，可用其他种类代替）浸制标本或者活体标本。

三、方法与步骤

取龟足与网纹藤壶标本，放在解剖盘中解剖，借助解剖镜或放大镜进行观察。首先，观察蔓足类的外形（整体），比如是否有柄；其次，观察头状部的特征；最后，观察内部结构特征。

（一）蔓足类的外形

蔓足类动物多数营固着生活，少数营体外寄生生活或钻孔生活。营固着生活的种类体壁成外套，分泌石灰质壳片，这与其他甲壳动物明显不同。它们的发育与变态，需经过无节幼体期与金星幼体期（或称腺介幼体期）。

蔓足类大多数雌雄同体，少数雌雄异体。雌雄异体者，雄体多寄生于雌体的外套腔内，体甚小，称为矮雄。也有少数雌雄同体者，外套腔再着生有矮雄，这种雄虫特称为补雄。矮雄与补雄的壳板和附肢及内部器官有不同程度的退化。

围胸目蔓足类因体形的不同，可分为两种类型：有柄蔓足类，如茗荷；无柄蔓足类，如藤壶、花笼。后者又称有盖类。

1. **有柄蔓足类**　身体明显区分为头状部和柄部。躯体着生于头状部的外套腔内。

（1）头状部。通常左右侧扁或稍膨大，呈椭圆形、卵圆形或三角形。外被石灰质壳板。壳板的石灰质化程度、形状和数目因种类不同而有变化。壳板外有外皮遮蔽。

典型的有柄蔓足类具有 5 块壳板：成对的楯板和背板，以及单一的峰板，如常见的茗荷。然而有些种类的壳板往往退化或消失。有些类群如铠茗荷科，除上述几片基本壳板外，还有数目较多的其他壳板。

各壳板通常具有以壳顶为中心呈同心圆状排列的生长线或生长脊，有的种类尚有自壳顶向边缘放射状分布的浅沟或脊，与生长线或脊相交织。

头状部的腹侧为开闭缘，有呈裂隙状的开口，有些负责沟通躯体与外界的联系，并从此处常伸出蔓足。

（2）柄部。有柄蔓足类的前头部向前方延伸，成为肌肉质的柄部，呈圆筒形，富有伸缩性，遇外界刺激可收缩，以柄部末端附着于他物上。它的长短常随生活条件和种类的不同而有变化。然而，同一种类柄部的长度与头状部长度的比例大致是一定的。茗荷类成群生长时柄部较长，而单个栖息时则变短。不同种类的有柄蔓足类柄部外周构造不同，或光滑裸出，或覆有多数石灰质鳞片（柄鳞），或具有几丁质的毛或棘，有的种类甚至具有数个几丁质环。

2. 无柄蔓足类 无柄蔓足类的柄部消失，体外围以由壁板组成的周壳，躯体容纳于周壳内部的外套腔内，向腹面弯曲。周壳上方为壳口，下方成平坦或稍凸的附着盘（基底）。组成周壳的壳板除壁板外，还有盖于壳口上的盖板。

（1）盖板。覆盖在壳口上面，两对，即一对楯板和一对背板。两对壳板各分左右排列，其间有裂隙状的外套口沟通体内外，可以伸出蔓足和交接器，还可以作为摄食、呼吸、产出生殖细胞的通道。在藤壶类，此两对壳板均可活动，它们之间由关节相连，受内部肌肉的牵掣，可进行上下、开闭运动。在花笼类，围在体外的壳板成不对称排列，一侧的盖板形成壁板的一部分而成为固定不动的壳板，另一侧的盖板仍具可动性。

通常楯板呈三角形，外面具平行横生长线或脊，有的种类还具有自顶端向底缘分布的放射脊或放射线，常与横生长线交织成布纹状或瓦楞状，更有的在交汇处强烈突出而成棘状突。楯板内面有关节脊、关节沟、闭壳肌窝、闭壳肌脊、侧压肌窝、侧压肌脊等构造。

背板通常也呈三角形。外面与楯板一样，常具平行横生长线或脊，有时也有纵放射线或脊，有的种类有自顶部通向底部的中央沟，它闭合或开放。背板顶部常突出而成喙状，称为喙顶，但老年个体常因受磨损和侵蚀而不明显。底部中央向下方伸出成距，距的长度、宽度及形状是分类的重要特征之一。背板内面也有关节脊和关节沟，在盖板闭合时与楯板相密接。此外，还有侧压肌脊，脊数多少、显著与否在各种类略有不同。

（2）壁板。无柄蔓足类体躯外侧围有数目不等的壁板，组成周壳的壁。壁板数目最多可达 8 块，有吻板 1 块，峰板 1 块，侧板、吻侧板和峰侧板各 1 对。

无柄蔓足类的许多种类，其壁板内片和外片之间有空隙，被许多纵隔分隔成许多与壁板纵轴相平行的垂直管道，有的在管道内部还生有次级纵隔，有的在管道内具有连续不断的横隔，它们或只占壳板的上半部，或自壳顶至壳底的管道内都有。生长在潮间带浪击面岩礁上的笠藤壶壁板内部有多列纵管，截面呈蜂窝状，显然，这种构造有利于抗御外界浪击冲力对生物体的破坏作用。附着在海龟皮肤上的龟藤壶，其近基底的壁板内纵隔成齿状隔，以利于牢固附着。这些都是生物有机体对外界环境的适应性表现。

在壁板的内面上部，有密覆几丁质膜的鞘。有柄蔓足类的基部膜质；无柄蔓足类的花笼类，其基底也是膜质的，藤壶类的基底膜质或石灰质。

（二）蔓足类的内部结构与附肢形态

成体的内部各器官因固着生活方式而明显退化。

成体的第 1 触角呈痕迹状，存在于柄部、基部或壳底，第 2 触角已消失。

口器（mouthparts）：口部呈丘状突起，位于第 1 胸足前。口孔上方有上唇 1 片，上唇中央稍凹或膨突，或有深的中央缺刻，两侧具有一定数量的小齿或无齿，因种类不同而不同；上唇侧面为上唇触须 1 对，呈不分节的宽板状，覆有细毛。大颚 1 对，为宽扁的几丁质板，口缘有齿，3～5 枚，末角一般呈栉齿状。第 1 小颚 1 对，小薄板状，它的切缘平直或具有 1 或 2 个小凹窝，切缘有不同大小的长刺。第 2 小颚呈双叶状，不分节，覆有毛，覆于口孔的下方。

胸肢（thoracic appendage）：也称蔓足，共 6 对，细长，分原肢和内、外肢，向口部弯曲如植物的蔓。在一定程度上，内、外各肢节片数对于每一个种是较稳定的，但随个体的增长而有增加。生活时蔓足常伸出壳口外，又能迅速缩入壳口盖板的开闭缘内，伸出时展开如扇，缩入时折叠，以摄取食物。胸肢已丧失游泳与爬行的机能，而只用来摄食。寄生种类的胸肢退化或完全消失。无腹肢，腹部仅留痕迹。

交接器（penis）：1 条，长或短于第 6 蔓足，在第 6 蔓足的基部伸出，管状，表面常具几丁质横纹及被有分散的细毛。

丝突（filamentary appendage）：在有柄蔓足类体的前部及蔓足的基部常具有膜质的丝突，其数量在各种类不同。

尾突（caudal appendage）：部分有柄蔓足类及花笼类在第 6 对蔓足原肢间具有单节或数节的尾突。

成体的排泄器官为 1 对小颚腺，位于食道背后方。触角腺演化成本亚纲动物所特有的水泥腺（cement gland）。该腺体分泌黏质，有使动物固着在基质上的作用，但也可能有排泄作用，特别是在幼体阶段时。

四、思考题

1. 绘制实验标本的外形图。
2. 绘制实验标本的几个附肢图。

实验二　口足类的形态及解剖

一、目的及要求

通过对口足类代表动物——口虾蛄外形及内部结构的解剖观察，掌握软甲纲口足类的特征，并了解口足类与其他甲壳类的异同点。

二、实验材料和用具

1. **实验用具**　光学显微镜，解剖盘，解剖镜，放大镜，解剖针，镊子，解剖刀，解剖剪，培养皿，载玻片等。

2. **实验材料**　口虾蛄的新鲜或浸制标本。

三、方法与步骤

取口虾蛄标本，放在解剖盘中解剖，借助解剖镜或放大镜进行观察。首先，观察实验标本的外形及身体分部；其次，观察身体各部附肢的分布及特征；最后，解剖并观察其内部结构。

（一）口虾蛄的外部形态

口虾蛄体长而粗，背腹扁平。有20个体节，分别是头部5节，胸部8节，腹部7节。

头胸部短狭，头部与胸部前4节愈合，并被头胸甲；胸部后4节露出头胸甲之后能自由曲折。额角的基部有关节，可以活动。腹部长、大、略扁，尾部与尾肢成为强大的挖掘和移动器。

除尾节外，每一体节着生1对附肢，共19对。由于附肢着生在身体不同的部位，起着各不相同的作用，因此特化为形态各异的附肢。

复眼：是其视觉器官，呈梨形，具眼柄，可活动。

1. **头部附肢**　触角2对，司前方与侧方触觉；大颚1对，小颚2对，具有抱持与咀嚼食物的作用。

第1触角：基肢分3节，共有3条节鞭。肢端生两鞭，外鞭长，内鞭短，内鞭基部又分生出1条副鞭。

第2触角：双肢型，基肢2节。外肢形成长叶形的鳞片，也称为第2触角鳞片，周缘密生羽状刚毛。内肢成为1条触鞭。

大颚：基肢开成强有力、坚固的大颚。分切齿部和臼齿部。切齿在口器外缘，臼齿两列垂直于切齿嵌入口中。内肢形成很小的大颚须，分3节。

第 1 小颚：基肢 2 节，第 2 节发达，外肢顶部有 1 锐齿，内侧有 1 列刚毛。内肢柔软不发达。

第 2 小颚：单肢型，有 3 片内叶，小颚须 2 片。周缘密生羽状的刚毛。

口器：由大颚、第 1 小颚、第 2 小颚及上下唇各 1 片组成。

2．胸部附肢　胸肢前 5 对为第 1 颚足、第 2 颚足（也称掠足或捕肢）、第 3～5 颚足；后 3 对为叉状步足，第 3 对步足雌雄异形，雄性步足内侧基部有 1 对细长管状的交接器。前 5 对胸部附肢（颚足）单肢型，无外肢。第 1 对为修饰足，后续 4 对为捉握足，有半钳；第 2 颚足（捕肢）有捕食、攻击、防御与掘穴的作用，第 1、3～5 颚足有辅助掘穴、捕食、清理身体的作用，雌性还兼有抱卵功能。

第 1 颚足：分 5 节。底节基部有很大的透明耳状薄片。外肢退化。内肢细而长，密生结构特殊的刚毛，称梳饰足。

第 2 颚足：分 5 节。底节基部有透明圆形小片。腕节背缘具 3～5 个瘤状突，掌节基部有 3 枚活动长刺，内侧有 1 列梳状小细齿。指节回折，呈螳螂爪状，具 6 尖刺，非常锋利。

第 3～5 颚足：3 对附肢基本相似。单肢棒状，分 7 节。座节外侧着生 1 列绒毛。腕节小，三角形。掌节叶形，内侧着生 1 列栅状齿。指节爪状回折。这 3 对颚足的区别在于第 3 颚足基节基部有圆形小片，第 4 颚足在底节基部有此小片，而第 5 对无此小片。

第 1～3 步足：都为杆状单肢型。分 7 节。腕节很小，分两肢，外分肢细棒状，顶端有 1 束刚毛，内侧有小齿约 20 枚。内分肢在掌节末端有 1 束刚毛。指节上着生 2 列刚毛。第 3 步足雌雄异形，雄性在基节内侧特化出 1 对棒状交接器。

3．腹部附肢　前 5 对为双肢型游泳足，外肢生有营呼吸作用的丝状鳃（称为腹鳃），具有呼吸与游泳功能；第 6 腹肢与尾节组成尾扇，具有防御和平衡运动作用。

第 1～5 腹肢：又称游泳肢。基肢 2 节。外肢分 3 节，末节三角形，半透明，边缘生羽状刚毛。第 2 节内侧有一小突起。第 1 节内侧有分支的管鳃。内肢 3 节，在第 3 节基部与第 2 节连接处内侧有一内附肢，内附肢顶端呈吸盘状，起左右肢相互连接，能同步运动的作用。

第 6 腹肢（尾肢）：双肢型。基节突起部在内侧缘前部着生短小齿，在外缘具有 1 齿。外肢第 1 节比第 2 节略短，外缘有活动刺 7～9 个。内肢狭长，边缘生有刚毛。尾肢宽大，与尾节合称尾扇。

（二）口虾蛄的内部结构

1．消化系统　口虾蛄的消化系统由消化道和中肠腺（也称肝胰腺）组成，消化道包括口器、食道、贲门胃、幽门胃、中肠和中肠盲囊、后肠及肛门。口器位于头胸甲腹面前端，肛门开口于尾扇腹面。由于食道较短，也有学者认为口虾蛄的口腔直接与胃连接，无特化的食道。口虾蛄的肝胰腺通常为灰色，从头胸甲前缘开始，延伸至尾节内，各体节有分支，肠道被肝胰腺包围。

2．循环系统　口虾蛄的循环系统还保存着原始的分节特性。心脏很长，从第2小颚节开始，直达第5腹节末端。心孔至少有13对。心脏前后端各发出前大动脉、后大动脉及15对侧动脉，另外还有1条神经下动脉，也称胸动脉。血液由动脉分支开放的末端流出，进入身体各部分的血腔中，最后大部分血液汇聚在腹神经链与肠道之间的纵走腹血窦内。血液由此流入腹肢的鳃中，进行气体交换，再由鳃流出，通过按节排列、由薄膜分隔同时又通向背侧的血窦而流入围心窦中，最后经心孔回归入心脏。

3．呼吸和排泄系统

口虾蛄的呼吸器官包括胸鳃与腹鳃。胸鳃是叶鳃，圆而薄，以一小柄着生在胸肢基节上；腹鳃为管鳃，由5对腹肢的外肢发出。

口虾蛄的排泄器官主要为1对小颚腺，位于前4个胸节的左右两侧，开孔在第2小颚原肢第1节的后侧。2对肛门腺也是排泄器官。另外，分布在血窦内的肾原细胞也具有排泄作用。

4．神经系统　口虾蛄的食道神经节较大，以很长的1对围食道神经与食道下神经节相连。食道下神经节后连腹神经链，腹神经链的左右神经干不愈合，共有9个神经节，其中胸部3个，腹部6个。其交感神经系统在食道下神经节之前，左右围食道神经各有一内脏神经节，由左右内脏神经节各发出4条神经，分布在大颚与胃等部分。另外，还从末腹神经节发出3条神经，分布到肠道（薛俊增和堵南山，1993）。

5．感觉系统　口虾蛄无平衡囊。感觉管分布在第1触角上，是一种化学感受器。后6个胸节与6个腹节内有肌肉感受器。视觉器官有无节幼体眼与复眼两种。前者位于头胸部腹面近前缘中央、左右眼柄之间，由3个眼组成。复眼1对，呈心形、梨形或圆球形（薛俊增和堵南山，1993）。

6．生殖系统　雄性口虾蛄有1对很细的精巢，曲折于围心窦和中肠腺之间，从第3腹节开始向后直到尾节。左右精巢相互靠近，并在尾节内愈合。在第3腹节内，左右精巢各发出1条很曲折的输精管。输精管开孔于第8胸节的亚基节上，末端突出形成管状阴茎。雌性口虾蛄拥有1对卵巢，纵穿身体大部，前端一直到胃，后端至尾节。左右卵巢相互紧靠，在尾节内相互愈合。在第6胸节内的左右卵巢各发出1条输卵管，共同开孔于一个交配囊中。繁殖季节，第6～8胸节腹面有乳白色“王”字形结构。

四、思考题

1．绘制口虾蛄的外形图。

2．绘制口虾蛄的几个附肢图。

实验三　虾类的形态及解剖

一、目的及要求

通过对凡纳滨对虾或者罗氏沼虾外形的观察及内部结构的解剖，了解软甲纲十足目虾类的特征，掌握虾类与其他甲壳类形态和内部结构的差异。

二、实验材料和用具

1. **实验用具**　解剖盘，解剖镜，光学显微镜，放大镜，解剖刀，镊子，解剖剪，培养皿，载玻片等。

2. **实验材料**　凡纳滨对虾、罗氏沼虾或其他虾的新鲜或浸制标本（凡纳滨对虾和罗氏沼虾个体较大，便于观察）。

三、方法与步骤

本实验以凡纳滨对虾为例。取活体凡纳滨对虾或标本，放在解剖盘中解剖，借助放大镜、解剖镜或光学显微镜进行观察。首先，观察凡纳滨对虾的外形及身体分部情况（注意与口虾蛄的区别）；其次，观察身体各部附肢的分布及特征；最后，解剖并观察其内部结构。

（一）凡纳滨对虾的外形和附肢形态

凡纳滨对虾，又称南美白对虾，生活时，体多呈浅青灰色，表面光滑，全身不具斑纹，步足白色，额角较平直。与其他虾类一样，凡纳滨对虾身体分为头胸部与腹部。

1. **头胸部**　凡纳滨对虾的头胸部较短，由5个头节和8个胸节愈合而成，外被完整而坚硬的头胸甲，头胸甲为较坚硬的几丁质外骨骼。头胸甲前端背面中央有一平直的额角（或称额剑）。上额角有8～9齿，大多数为8齿；下额角有1～2齿，2齿居多。额角前端不超出第1触角柄的第2节。额角两侧有1对复眼，复眼具有眼柄，可活动。额角侧沟短，到胃上刺下方即消失。肝刺明显。头胸甲两侧的部分称鳃盖，鳃盖下方与体壁分离，形成一个腔，内有虾鳃，故称鳃腔。

2. **腹部**　凡纳滨对虾的腹部发达，由7个体节组成（包括尾节），体节明显可见，各体节之间有膜质的关节，腹部可自由屈伸。每一体节的外骨骼可分为背面的背板、腹面的腹板及两侧下垂的侧板，腹部可伸直，也可向腹面弯曲，腹部有附肢6对，最后一节为锥状的尾节，无附肢，具有中央沟，腹面有一纵裂，为肛门。

3．附肢　凡纳滨对虾共有20个体节，除尾节外，其他每一体节都有1对附肢。解剖并观察附肢时，用镊子由身体后部向前依次把一侧的附肢摘下。摘时用镊子夹住附肢基部，取下并按顺序排列在载玻片上，检查核对数目后，用放大镜观察。

1）头胸部附肢

第1触角（小触角）：为头部第1对附肢，原肢分3节，第1节最长，其柄部下凹形成眼窝，基部有平衡囊。原肢第3节末端具内、外两触鞭，内、外触鞭长度几乎相等。

第2触角（大触角）：为头部第2对附肢，原肢分2节，外肢发达，形成第2触角鳞片，内肢为触鞭，长。

大颚：为第3对附肢，坚硬，边缘齿形，可切碎食物。原肢形成咀嚼器，分为扁平而边缘有数小齿的切齿部和圆而接触面上有小突起的臼齿部。大颚的功能主要是切碎食物。内肢3节，形成细小的触须。

第1小颚：原肢2节，呈片状，内缘具毛或刺，内肢短小，在外侧。

第2小颚：原肢2节，也呈片状，内肢细而不分节，内肢细小，夹在原肢和外肢之间；外肢宽大而呈叶片状，称为颚舟片，其主要作用是通过有节律的摆动使水流从鳃腔前部的小通道向后流动，以利于呼吸。

第1颚足：为胸部的第1对附肢。原肢2节，宽大，内肢小，不分节，片状；外肢基部大，末端细长，有一个分成2叶的片状顶肢。

第2颚足：原肢2节，第1节为底节，宽而短，侧生的肢鳃向外突出，成足鳃。第2节为基节，与内肢的第1节愈合。内肢5节，末2节宽大，外肢细长，片状。

第3颚足：原肢2节，互相愈合，内肢分5节，外肢细长。

步足：共5对，原肢2节，内肢发达，分为座、长、胫、跗、趾5节。第1～3对步足的上肢十分发达，第4、5对步足无上肢，第5步足具有雏形外肢。外肢消失，原肢基部具鳃，其中第1～3步足末端呈螯状（注意比较不同种类的差异），但前者较小，后者则粗壮。第4、5步足末端为爪状。

2）腹部附肢　凡纳滨对虾腹部7节，有6对腹肢，尾节没有附肢。雌雄个体的第1、2对腹肢存在一定的差异。

第1腹肢：原肢2节，较长。外肢长，内肢非常短小。成熟雄性第1腹肢内肢愈合特化成交接器，第2对腹肢内侧另外生出小型的附属肢节用于辅助交配。雌性第1对腹肢的内肢变小，可能有利于交配活动的进行。

第2腹肢：原肢2节，长。外肢略大于内肢。

第3～5腹肢：原肢均为2节。具片状的内、外肢，外肢略大于内肢，内肢均具内附肢。为游泳足，是主要的游泳器官。

尾肢：为腹部第 6 对附肢，发达，原肢粗，内、外肢宽大，与尾节构成尾扇。

（二）凡纳滨对虾的内部结构

1. 呼吸系统　凡纳滨对虾依靠鳃进行呼吸，鳃主要集中在头胸部。用解剖剪将凡纳滨对虾左侧（或者右侧）头胸甲的下半部剪去后，即露出鳃腔中的鳃，为凡纳滨对虾的呼吸器官。甲壳动物的鳃，根据着生位置的不同，可分为侧鳃、足鳃、关节鳃和肢鳃 4 种，在不同的种类中有所变化。每个鳃包括鳃轴、鳃瓣和鳃丝。凡纳滨对虾有足鳃和肢鳃，共 13 对，其中第 2、3 颚足及第 1～4 步足有足鳃和肢鳃各 1 对；第 5 步足有肢鳃 1 对；第 1 颚足鳃不明显。

2. 循环系统　凡纳滨对虾的循环系统为开管式循环系统，包括心脏、血管、血窦和血淋巴。在循环系统中，要观察的主要结构是心脏和动脉。

（1）心脏。位于头胸部靠近消化腺后侧的围心腔中，扁平囊状，活体时从甲壳外即可看到心脏有节律地跳动。动脉由心脏发出，每条动脉分出很多小血管，分布到全身，最后到达各组织间的血窦。血窦包括围心窦（也叫作围心腔）、胸血窦、背血窦、腹血窦及组织间小血窦。血窦负责收集来自各组织、器官的血淋巴，汇流到入鳃血管，在鳃中进行气体交换，通过出鳃血管流入心脏，从而形成血液循环。心脏具心孔 3 对，其中背面 1 对，侧面 1 对，腹面 1 对。实验时，可在完成循环系统其他结构观察后，将心脏置于有清水的培养皿中，用放大镜观察心孔。

（2）动脉。用镊子轻轻将心脏提起，可见前方和后下方有连着的小管，即动脉。由心脏向前发出的较粗而短的半透明的管为前大动脉。从心脏的后下方向腹部发出的 1 条沿肠道上方后行的管为后大动脉。上述动脉均有分支，动脉中的血液最后流到血窦，经鳃进行气体交换后再流入围心窦，经心孔回到心脏。

3. 生殖系统　凡纳滨对虾为雌雄异体，雄性有交接器，由腹部第 1 对腹肢的内肢相互愈合特化而成（性成熟雄虾才愈合），略呈卷筒状。雌性有开放型纳精囊。成熟雌性个体第 4、5 对步足间的外骨骼呈“Ω”状。

雌性生殖系统包括 1 对卵巢、输卵管和开放型纳精囊，卵巢位于身体背面、肠道上方、心脏的下方，分为前叶、侧叶和后叶 3 部分，与输卵管相连。输卵管开口于第 3 步足基部，生活时卵巢的大小和颜色随着发育时期的不同有较大的差别。发育的早期，从体外观察几乎看不出卵巢的形态和色泽；即将成熟时，从外观清晰可见其形态；成熟时，从体外可见卵巢占满整个头胸部，为橙红色或暗红色，背部暗红色带延伸至尾节。卵巢两侧的输卵管开口于第 3 步足基部内侧。

雄性生殖系统包括精巢、输精管和精荚囊，精巢的位置与雌性卵巢相同。每侧精巢发出 1 条输精管，开口于第 5 步足基部。

4. 消化系统 凡纳滨对虾的消化系统包括消化道和消化腺两大部分。用镊子将生殖腺剥离后，在其下方可见一团淡黄色的腺体，即消化腺（也称为肝胰腺），肝胰腺的主要功能除了分泌消化酶消化营养物质，还有储存营养物质的作用。和其他对虾一样，凡纳滨对虾的消化道由口、食道、胃（包括贲门胃和幽门胃，具有磨碎食物的作用）、肠道和肛门组成。口位于头胸甲腹面，由上唇和口器包围；口和胃之间由短的食道连接。中肠为营养物质消化和吸收的主要场所，肠道常因食物填充而呈黑色。肛门开口于尾节的腹面。

5. 排泄系统 凡纳滨对虾的主要排泄器官是触角腺，位于第 2 触角基部，用镊子小心摘除虾的胃和肝胰腺，可见一椭圆形腺体——触角腺，生活时稍呈绿色，故又称绿腺。

6. 神经系统 凡纳滨对虾的神经系统属于梯状神经系统，各体节神经节多出现愈合，形成链状。用镊子将体内器官和肌肉束全部去除 （注意保留食道），便可见在身体的腹面正中线处有一白色索状物，即虾的腹神经链，其上有多个神经节（12 节）。继续向前小心地剥离，在食道的腹侧可见食道下神经节、围食道神经环和食道背面的食道上神经节（脑）。

四、思考题

1. 绘制实验虾第 1、2 小颚外形图。
2. 绘制实验虾尾扇、第 2 腹肢外形图。

实验四 龙虾的形态及解剖

一、目的及要求

通过对龙虾附肢形态和头胸甲的刺、脊、沟的名称及位置等典型外部形态特征的认知，为龙虾的分类工作打下基础；解剖龙虾，观察其内部结构的一般特征，更进一步地了解其特定的生态习性和生理过程。

二、实验材料和用具

1. **实验用具** 解剖盘，解剖刀，解剖剪，解剖针，放大镜，解剖镜，镊子等。
2. **实验材料** 锦绣龙虾活体或标本。

三、方法与步骤

取锦绣龙虾标本，在解剖盘中进行外形观察，也可利用放大镜或者解剖镜进行辅助观察。首先，观察和记录实验标本的外形及身体分部情况；其次，观察身体各部附肢的分布及特征；最后，解剖并观察其内部结构。

（一）锦绣龙虾的外部形态

龙虾身体由头胸部、腹部和附肢组成。头胸部圆筒状，背部和侧部具沟、刺、脊，前端不具额角，仅有触角板，其上具刺。腹部较短小、扁平，腹肢退化。锦绣龙虾各部分名称如图 4-1 所示。

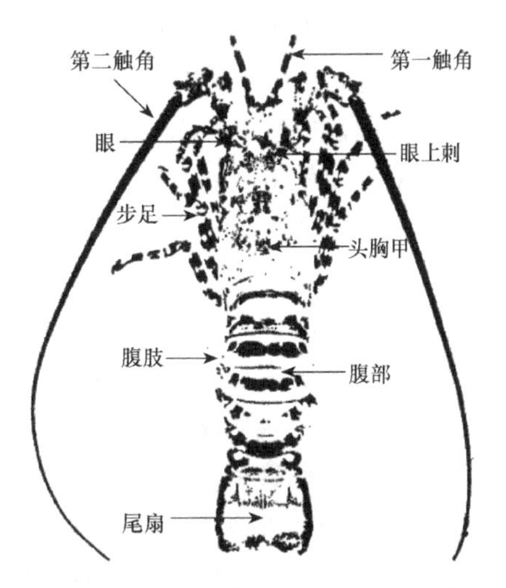

图 4-1　锦绣龙虾各部分名称（引自梁华芳，2013）

1．附肢　第 1 触角柄部细长，分 3 节，末端分出内、外两肢；第 2 触角柄部粗壮，分 3 节，具大的棘，柄部第 1 基部内凹，与触角板侧沿的隆脊构成响器（摩擦发声器），末端生一长鞭；5 对步足形状相似，末端爪形，仅雌性的第 5 步足末端形成假螯。

腹部不具第 1 腹肢，第 2～5 腹肢呈叶片状，雄性单肢，无内肢，雌性双肢，内、外肢均发达；尾肢内、外肢宽阔，与尾节形成强大的尾扇。

2．头胸部

（1）眼上刺。位于头胸甲前沿眼后上方，具大而弯曲的齿，一般约为眼高的 2 倍。

（2）触角板刺。位于头胸甲背部最前沿的触角板上，具 1～4 个主刺，有些种类还着生许多小刺。

（3）胃刺。头胸甲中线上颈沟前一齿。

（4）心刺。头胸甲中线上颈沟后的中齿，有时刺短呈瘤状，称心突。

（5）颈沟。横穿头胸甲中部较深的横沟，两侧弯曲向前。

（6）心鳃沟。头胸甲两侧颈沟后粗糙的近似平行的纵沟。

（7）鳃脊。头胸甲两侧的纵脊，从眼部向后延伸，被颈沟分为前后两部分。

（8）侧脊。位于颈沟后部鳃脊与头胸甲侧沿间的纵脊。

3．腹部

（1）横沟。腹部腹甲两侧具有的波浪状和非波浪状的沟。

（2）软毛区。腹部背甲下陷部位，其上着生软毛。

（3）腹甲刺。腹节侧甲前沿有时具有的大小不同的棘刺。

（二）锦绣龙虾的内部结构

用解剖剪和解剖刀自头胸甲后部向前沿背中线将头胸甲剪开，除去头胸甲，用镊子和解剖剪把表皮与肌肉去除，注意不要伤及内部器官；由前向后沿腹部背中线将背甲剪开，去除甲壳和背部肌肉，把标本置于解剖盘中，加水浸泡以便观察。

1. **呼吸系统**　鳃，共 28 对，为丝状鳃。其中侧鳃 10 对，位于鳃腔内；关节鳃 5 对；足鳃 6 对；肢鳃 7 对。

2. **消化系统**　消化系统由消化管和消化腺组成。消化管包括口、食道、胃、中肠、后肠。

（1）口。位于头胸甲腹面，由口器（大颚、2 对小颚、3 对颚足）和上下唇瓣组成，大颚极强大，具硬齿。

（2）食道。较粗短，为口后一段极短的管道。

（3）胃。继食道后，呈囊状，分贲门胃和幽门胃两部分。贲门胃几丁质板发达，有较大的几丁质齿；幽门胃内壁密布许多刚毛，形成 2 条沟槽，构成滤器。

（4）中肠。为接幽门胃后直到第 6 腹节处的一条简单直管，肠壁薄。中肠与幽门胃连接处有中肠前盲囊。

（5）后肠。连接中肠之后，肠管明显粗且短。后肠与中肠交接处明显膨大，无中肠后盲囊，但有环状突起。

（6）肝胰腺。位于生殖腺下方、幽门胃和中肠前端两侧，为成对的黄褐色大型腺体，有管道通向幽门胃和中肠交接处。

3. **循环系统**

（1）心脏。位于头胸甲背部后缘，肠道和生殖腺背侧。心脏为半透明、多角形肌肉囊，单室，表面有心孔 3 对。

（2）血管。从心脏共发出 7 条动脉。前大动脉 1 条，向前延伸至头胸甲前端分布到脑和眼；触角动脉 1 对，向前分布到胃和触角腺；肝动脉 1 对，向前分布到生殖腺和肝胰腺；胸动脉 1 条，向后穿过第 4、5 神经节的神经孔到达腹神经索下方分成两支，向前为胸下动脉，到达口器、食道、鳃，向后为腹下动脉，到达腹部附肢和肌肉；腹上动脉 1 条，沿腹部背面的中线后行。

4. **生殖系统**　龙虾为雌雄异体。

1）雌性生殖系统　由卵巢、输卵管、生殖孔 3 部分构成。

（1）卵巢。位于肝胰腺上方、围心腔下方，呈“H”形，前叶短，向前延伸至胃区，后叶长，为前叶的 2 倍，向后延伸至第 1 腹节后方。

（2）输卵管。1 对，从卵巢后叶近前方 1/3 处发出，弯曲下行，末端开口于第 3 步足底节的生殖孔。

2）雄性生殖系统　由精巢、输精管、生殖孔 3 部分构成。

（1）精巢。1 对，位于肝胰腺上方、围心腔下方，乳白色，较卷曲。

（2）输精管。1 对，下行开口于第 5 步足基部。输精管明显分 3 段，前段较短，透明状；中段粗大且长，乳白色；后段较细，末端紧缩。

5. 神经系统 龙虾的中枢神经系统由脑、围食道神经环、食道下神经节和腹神经索组成。

（1）脑。位于触角板下方、食道上方、两眼柄基部之间，背面管略呈方形，由头部3个神经节愈合而成。由脑发出的神经有4对：视神经1对，由脑神经节前端侧角发出，进入眼柄；第1触角神经1对，由脑神经节前端发出，进入第1触角后分为两支，一支进入触角，另一支进入平衡囊；第2触角神经1对，进入第2触角；头部皮肤神经1对，从脑神经节后端发出，分布于头部皮肤。

（2）围食道神经环。1对，较粗且长，从脑神经节后端发出，包围食道，延伸到胸部，在食道后下方与食道下神经节愈合，在食道下方有一支连接左右围食道神经的横神经联系，为食道后神经连合。

（3）食道下神经节。位于食道下方胸腔腹壁中央，有软骨保护，由6个神经节愈合而成。发出6对附肢神经，分别控制大颚、小颚和颚足。

（4）腹神经索。在食道下神经节后方，沿腹部中线向后延伸至第6腹节，由11个神经节构成，每一个神经节分别发出1对神经，包括5对胸神经和6对腹神经，发出分支到各附肢和肌肉。

6. 感觉器官

（1）复眼。1对，眼可动，角膜具色素。

（2）平衡囊。位于第1触角底节基部，可司身体平衡。

（3）第1、2触角的触鞭和表皮上的刚毛。

四、思考题

1. 描述锦绣龙虾的腹部腹甲形态与体色。
2. 绘制锦绣龙虾的消化系统解剖图。
3. 绘制锦绣龙虾的生殖系统解剖图。

实验五 蟹类的形态及解剖

一、目的及要求

通过观察蟹的外形并进行内部结构的解剖，了解软甲纲十足目蟹类的特征，并掌握蟹类与其他甲壳类的异同点。

二、实验材料和用具

1. 实验用具 解剖镜，光学显微镜，放大镜，镊子，解剖刀，解剖针，培养皿，载玻片，解剖盘等。

2. 实验材料　拟穴青蟹、三疣梭子蟹、中华绒螯蟹或其他蟹的新鲜或浸制标本（根据各地区实际情况进行选材）。

三、方法与步骤

本实验以拟穴青蟹为例。取蟹的标本或活体，放在解剖盘中解剖，借助放大镜、解剖镜或光学显微镜进行观察。首先，观察实验蟹的外形及身体各部分；其次，观察身体各部分附肢的分布及特征；最后，解剖并观察其内部器官和结构的特征，注意掌握蟹的内部器官对应的位置与外壳分区之间的关系。

（一）拟穴青蟹的外形

拟穴青蟹的甲壳较为圆钝，身体原为20节，由头部8节、胸部5节和腹部7节组成，各节均有附肢1对。由于演变，其头部与胸部愈合为头胸部，节数已难于分辨。头胸部的附肢依然存在，腹部显著退化，折贴于头胸部之下，7节分明，而附肢数目已变少，雌蟹尚有4对，雄蟹只剩2对。体形左右对称。

1. 头胸部　蟹的背、腹两面均被大型甲壳覆盖，靠此坚硬的甲壳来保护躯体内部的柔软组织。在背面的甲壳称头胸甲或背甲，在腹面的甲壳称腹甲或胸板。

头胸甲近扇形，略扁平，青绿色，稍隆起且表面光滑，其宽度大约是长度的1.5倍（左右为宽，前后为长）。头胸甲形成若干与内脏位置相对应的区，可分为肠区、胃区、心区、肝区、鳃区、眼区和颊区。头胸甲边缘分为额缘、眼窝缘、前侧缘、后侧缘和后缘。额缘有三角形额齿4枚；左右眼窝缘具眼前齿各1枚；前侧缘各有侧齿9枚，形状如锯齿；后侧缘斜向内侧；后缘与腹部交界，近于平直。额缘两侧有复眼1对，带柄，复眼可左右转动。眼内侧生有触角2对，内侧1对为第1触角，外侧1对为第2触角。头胸甲遮盖背面，其前端延伸入头胸部之下，可分为下肝区、颊区、口前部等几部分。口腔上缘的口器从里往外依次为大颚（1对）、小颚（2对，称第1、2小颚）和颚足（3对，称第1～3颚足），6对都是双肢型附肢。口除了前述6对附肢，还包含上下唇各1片。大颚的内肢发达，呈臼齿状，能咬碎坚硬的食物。小颚呈薄片状，具有辅助输送食物的功能。

蟹类头胸部的腹面有腹甲。腹甲中央部分向后陷落成沟状，称腹沟。胸部腹甲原为7节，前3节已愈合为1节，节痕尚可辨认；后4节在腹沟处也已愈合，但其两侧的隔膜仍可分辨。生殖孔开口于胸板上，雌雄位置有异。雌的一对开口于第3步足基部相对应的胸板；雄的一对则开口于游泳足基部相对应的胸板。

2. 腹部　连接头胸甲后缘，曲折紧贴于胸板，呈扁平状。四周有绒毛，俗称蟹脐。打开腹部后，可见中间有一纵行突起，内由肠道贯通，肛门开口于末端。腹部的形状随着不同发育阶段而有明显变化。

腹部7节分明，雄蟹第1节有一横行突起，将该节分为前后两部分，前部连接头胸甲后缘之下，后部弯向腹面；第 2 节短而窄；第 3 节最宽；从第 4 节至第 7 节则又逐渐变窄，但长度变大，第 6 节最长，其末端内凹，基部直，约为末端宽的 1.7 倍，两侧缘直；第 7 节的末缘钝圆。2 对腹肢已异化为管状尖细的交接器，由钙质组成，着生于第 1～2 腹节上。第 1 对腹肢粗壮，末端趋尖，交配时用来输精，又称阴茎或交尾针。第 2 对腹肢细小，用于喷射精液。

雌性的第 1 腹节与雄性相似，其余 6 节则渐趋向圆形（尤其是成熟个体），以第 5 节最宽，第 6 节最长，第 7 节最小。4 对双肢型腹肢着生于第 2～5 腹节，带有许多柔软的细刚毛，尤其是已交配的雌蟹，其刚毛较长，作用是供卵子黏附。

3．**胸足**　胸部附肢（步足）5 对，每一附肢从身体端向末端依次由底节、基节、座节、长节、腕节、掌节和指节组成。

第 1 对附肢呈钳状，称螯足，表面光滑，长节内侧具 3 齿，外侧缘 2 齿，末端 1 枚较小。腕节外侧具 2 齿，其基部后为隆脊与腕，掌关节上刺后隆脊呈三角形，掌节肿胀而光滑，背面具 2 条由小鳞状颗粒构成的隆脊，其末端各具 1 刺。指节的左右侧面各具 1 浅沟，两指间的空隙大，内缘具强大的齿，钝（注意和其他蟹的齿进行比较，如三疣梭子蟹的齿则较锋利）。

第 2～4 对附肢呈尖爪状，称步足，较细小。其前节与指节的前后缘具有褐色刷状短毛。第 5 对附肢前节与指节扁平，呈桨状，称游泳足，善于游泳。

（二）拟穴青蟹的内部结构

打开背甲，内脏器官、组织便呈现出来。各系统的器官、组织的结构和作用分别描述如下。

1. **消化系统**　蟹类的消化系统可分为消化管道和消化腺两部分，前者分前肠、中肠和后肠 3 段，前肠包括食道和胃，胃后接中肠和后肠，末端为肛门。后者主要是很大的肝胰腺，俗称蟹黄（注意：这里的蟹黄不是红膏蟹的黄）。

胃宽大，呈近似三角形。中肠较细，前后各有细长的盲管长出。

肝胰腺由许多小盲管形成，分为两瓣，各呈三叶状，位于幽门胃和中肠的连接处。其导管开口在幽门胃和中肠的连接处。

2. **排泄系统**　成蟹期靠 1 对触角腺进行排泄。触角腺为左右两个卵圆形绿色的肌肉质贮藏囊，位于头胸部前方食道的前面。下接一条盘旋长管，管中间为海绵组织，白色。外接一膀胱，开口于第 2 触角内侧基节的乳头突，废液即从此处排泄至体外。

3．**呼吸系统**　鳃是主要的呼吸器官。位于头胸部两侧的鳃腔内，每侧 8 片（注意：不同种类的蟹，其鳃的数目会有不同），每片由鳃及许多羽状鳃叶构成。入鳃血管和出鳃血管平行在鳃轴两边，微血管则分布在鳃叶之间。

4．**循环系统**　拟穴青蟹的心脏为六角形囊，位于后肠盲囊的上方，具有厚而透明的肌肉壁。外有围心窦，由韧带连接窦壁。有心孔 3 对（2 对位于心脏背面，1 对位于心脏腹面），每孔都由心瓣控制，以防血液逆流。动脉向前分出 5 支：中央 1 支为眼动脉，左右 1 对触角动脉及 1 对肝动脉。向后分出 2 支，一支分布于腹部背侧，与肠平行，称上腹动脉；另一支穿过胸窦，为胸动脉。下端前行至头胸部及后行至腹下面，分布于附肢及各器官。

5. **神经系统**　由神经节、若干神经和神经连索组成。脑神经节（脑）位于头部，向前和两侧发出 4 对神经，依次为第 1 触角神经、眼神经、皮肤神经和第 2 触角神经。向后通过一对围咽神经（围食道神经），从食道两侧发出一对交感神经通向内脏器官及口器，紧贴食道的后侧，一条细小的横联神经将左右两条围咽神经连接成一个围咽神经环。

胸部的腹面由很多神经节合并成为一个很大的神经节，称胸神经节。位于腹甲中央，扁圆形，中有一孔，胸动脉由此穿过。从胸神经节向两侧发出较粗的 5 对神经，依次分别分布到 1 对螯足、3 对步足和 1 对游泳足。腹部没有神经节，只有由胸神经节发出的一条神经索并分成许多分支，散布至腹部各处。

6. **感觉器官**

（1）复眼。1 对，具眼柄。

（2）平衡器。位于第 1 触角的基部，由一对窝状囊组成，与外界不通。内有感觉毛。

（3）嗅觉器。第 1 对触角的小节上生着的许多专司嗅觉的感觉毛。

（4）触觉器。躯体外缘和附肢上的刚毛，具有感觉功能。

（5）触角。2 对，分为第 1 触角和第 2 触角。

7. **生殖系统**　性成熟拟穴青蟹腹部的形状有区别，雌性呈圆形，雄性呈长三角形。打开腹部，雄蟹的两对腹肢是特化的交接器（注意：前后两对交接器是相连的）；雌蟹的一对生殖孔位于第 3 步足基部相对应的胸板上。

雌性生殖系统包括卵巢与输卵管两部分。卵巢两叶，左右分开，中央部分相连，呈“H”形。各叶卵巢都有一很短的输卵管，末梢各附 1 个纳精囊，开口于生殖孔。雄性生殖系统包括精巢与输精管，精巢位于消化腺后方，两叶的中间部分融合，精巢的下方各由 1 条长而曲折的输精管连接，另一端则开口于第 5 步足基部的交接器。

四、思考题

1. 绘制第 1、2 小颚的形态图。
2. 绘制实验蟹鳃的形态结构图。

第二部分　常见甲壳动物的分类及鉴别

实验六　桡足亚纲的分类及常见种类鉴别

一、目的及要求

通过实验掌握桡足亚纲（类）的分类方法和常见目的特征，鉴别习见种；通过观察进一步理解形态结构中作为分类依据的结构特征。

二、实验原理

桡足亚纲的分类主要采用 R. Gurney 等改进的 G. O. Sars 的分类系统，将其分成 7 目：哲水蚤目 Calanoida、剑水蚤目 Cyclopoida、猛水蚤目 Harpacticoida、怪水蚤目 Monstrilloida、背卵囊水蚤目 Notodelphyoida、鱼虱目 Caligoida、鲺目 Arguloida 等。在浮游动物组成中较为重要的是前 3 目的种类，此 3 目主要营自由生活。海洋桡足类已鉴定的约 5100 种，大多数属于猛水蚤目（2800 种）和哲水蚤目（2300 种）。

桡足亚纲下设 7 目，在水中营自由生活的主要有哲水蚤目、剑水蚤目和猛水蚤目 3 目，各目的主要特征比较如下。

1（4）前体部远宽于后体部，活动关节明显。

2（3）活动关节明显，位于胸腹部之间……………………………………哲水蚤目

3（2）活动关节明显，位于第 4、5 胸节之间 …………………………剑水蚤目

4（1）前体部略宽于后体部，活动关节不明显，位于第 4、5 胸节之间…………………………………………………………………………………………猛水蚤目

（一）哲水蚤目

第 1 触角长，有些种右第 1 触角（A_1）变成执握肢；前体部比后体部显著宽大，活动关节位于末胸节与第 1 腹节之间。

哲水蚤目常见科检索表

1（2）额角背面常有 1 对角膜晶体，雄性第 5 右胸足末端有钳 ……………………………………………………………………………… 角水蚤科 Pontellidae

2（1）额角背面不具 1 对角膜晶体。

3（4）第 2 胸足内肢 1 节，生殖节腹面突起大……… 真刺水蚤科 Euchaetidae

4（3）第 2 胸足内肢 2～3 节。

5（8）第 5 胸足雌雄均与前 4 对基本相同。

6（7）第 5 胸足与第 4 胸足的区别是雌性基节内缘常具锯齿；雄性左足外肢较长，并有退化的刚毛……………………………………………哲水蚤科 Calanidae

7（6）第 5 胸足与第 4 胸足的区别与上述不同，雌性外肢第 2 节内侧无刚毛，有一指状突起；雄性右侧有一粗大的钳，除雄体第 5 对内、外肢 2 节外，其余均 3 节……………………………………………………胸刺水蚤科 Centropagidae

8（5）第 5 胸足两性均特化，丧失游泳足的形状。

9（16）第 2～4 对胸足内肢 3 节。

10（13）前 4 对胸足内、外肢均 3 节。

11（12）雌性第 5 胸足双肢型，外肢 3 节，内肢退化，为 1～2 节…………………………………………………………………………镖水蚤科 Diaptomidae

12（11）雌性第 5 胸足单肢型，末节长，末端刚毛粗短……………………………………………………………………伪镖水蚤科 Pseudodiaptomidae

13（10）第 1 胸足内、外肢常少于 3 节。

14（15）雌性多无第 5 胸足，雄性的也退化，缺左足或右足，无内肢………………………………………………………………………真哲水蚤科 Eucalanidae

15（14）雌性有第 5 胸足，末端刚毛不呈羽状，第 3、4 对胸足外肢第 3 节外缘有锯齿…………………………………………………………拟哲水蚤科 Paracalanidae

16（9）第 2～4 胸足或其中一对内肢为 2 节。

17（18）上唇前方有一密布短刚毛的半球形薄片。尾叉常不对称。眼较大………………………………………………………………………………歪水蚤科 Tortanidae

18（17）上唇前方无薄片。尾叉对称。眼较小或无。

19（20）雌性第 5 胸足十分退化，单肢型，2～3 节，末节细而尖，常有锯齿。末胸与腹部常有刺……………………………………………纺锤水蚤科 Acartiidae

20（19）雌性第 5 胸足各节均较短，雄性第 5 胸足无钳。末胸节除后侧角有 1 刺外，无它刺……………………………………………………宽水蚤科 Temoridae

（二）剑水蚤目

第 1 触角短，雄性左右触角均变为执握肢。头胸部较腹部显著宽，卵圆形，头部与第 1 胸节愈合，活动关节位于末两胸节间，第 5 胸足退化，一般只分 1～2 节，左右对称，不改变为钳状。

（三）猛水蚤目

体一般较细长。第 1 触角短，雄性左右均成执握肢。前后体部无明显分界，活动关节位于末两胸节之间，第 5 胸足退化，常分为 1～2 节，两性异形，尾叉末端有 2 根发达的刚毛。

三、实验材料和用具

1．**实验用具**　光学显微镜，解剖镜，载玻片，擦镜纸，吸水纸，吸管，铅笔，报告纸等。

2．**实验材料**

（1）哲水蚤目 Calanoida。哲水蚤属 *Calanus*，胸刺水蚤属 *Centropages*，唇角水蚤属 *Labidocera*，纺锤水蚤属 *Acartia*。

（2）剑水蚤目 Cyclopoida。长腹剑水蚤属 *Oithona*。

（3）猛水蚤目 Harpacticoida。小毛猛水蚤属 *Microsetella*。

四、方法与步骤

由实验指导教师指定几种桡足类，借助解剖镜和光学显微镜进行观察，根据它们的形态特征，按检索表的顺序检查，鉴定它们属于哪个科、属、种，并记录此桡足类的形态特点。

五、结果与报告

1．绘制一种所观察的桡足类标本的外形图。

2．查对检索表，鉴定观察种之间的区别特征。

六、思考题

1．简述桡足类的基本特征。

2．试述哲水蚤目、剑水蚤目和猛水蚤目的主要区别，并以图示之。

实验七　鳃足亚纲的分类及常见种类鉴别

一、目的及要求

学习鳃足亚纲分类的基本知识与方法，理解枝角类的结构与机能的统一性。认识常见的和有经济价值的种类。

二、实验原理

枝角类隶属于节肢动物门（Arthropoda）甲壳纲（Crustacea）鳃足亚纲（Branchiopoda）。这个亚纲分为 3 个目，即无甲目（Anostraca）、背甲目（Notostraca）及双甲目（Diplostraca）。

其中双甲目又分为贝甲亚目（Conchostraca）与枝角亚目（Cladocera），后者种类占了绝大部分。分布于我国的淡水枝角类共计 9 科 45 属 136 种，约占世界总数的 1/3。现将浙江地区常见种列成检索表介绍如下。

枝角亚目分科检索表（1 总科 4 科）

1（2）躯干部与胸肢全为壳瓣所包被。

2（1）后腹部裸露于壳瓣之外……………………………… 裸腹溞科 Moinidae

3（4）第 2 触角内、外肢均为 3 节；肠盘曲……………盘肠溞科 Chydoridae

4（3）第 2 触角外肢 4 节，内肢 3 节；肠多不盘曲。

5（6）肠不盘曲；胸肢 5 对；雌溞第 1 触角短小，不能活动…………………… ……………………………………………………………………溞科 Daphniidae

6（5）肠不盘曲；胸肢 6 对；第 1 触角呈吻状尖突，不能活动 ……………… ………………………………………………………………象鼻溞科 Bosminidae

溞科分属检索表（1 科 5 属）

1（2）有吻。

2（1）无吻；头部小，雌溞第 1 触角细小；壳瓣大多呈多角形的网纹 ……… ……………………………………………………………网纹溞属 *Ceriodaphnia*

3（4）壳瓣腹缘平直，后腹角有壳刺……………………船卵溞属 *Scapholeberis*

4（3）壳瓣腹缘弧曲，后腹角浑圆。

5（6）壳瓣后端有发达的壳刺；吻大……………………………… 溞属 *Daphnia*

6（5）壳瓣后端不形成壳刺。

7（8）后腹部宽阔，前后宽度几乎相等，背侧肛门处深凹，肛门前形成突起 ……………………………………………………………低额溞属 *Simocephalus*

8（7）后腹部狭长，向尾爪逐渐削尖，背侧无深凹，肛门前不形成突起 ….. ……………………………………………………………………拟溞属 *Daphniopsis*

溞属分种检索表（1 属 7 种）

1（2）后腹部背侧向内凹陷很深，肛刺列被凹陷分割为前后两部分；头顶浑圆无盔 ……………………………………………………… 大型溞 *Daphnia magna*

2（1）后腹部背侧没有凹陷；头部高；吻长而尖…· 隆线溞 *Daphnia carinata*

3（6）尾爪凹面有栉状刺列。

4（5）第 1 触角显著突出，角丘短而高；壳瓣腹侧中部内面有浅凹陷，排列有长刚毛 ……………………………………………………… 短钝溞 *Daphnia obtusa*

5（4）第 1 触角部分被吻的下部掩盖，角丘长而低；壳瓣腹侧中部无浅凹陷，无刚毛列 …………………………………………………… 蚤状溞 *Daphnia pulex*

6（3）尾爪凹面无栉状刺列。

7（8）吻短而钝，第 1 触角嗅毛超过吻尖；通常无单眼………………………

…………………………………………………………僧帽溞 *Daphnia cucullata*

8（7）吻长而尖，第 1 触角嗅毛不超过吻尖；具单眼。

9（10）壳瓣背侧脊棱不伸展到头部；夏季型无头盔····长刺溞 *Daphnia longispina*

10（9）壳瓣背侧脊棱伸展到头部；夏季型有尖或钝的头盔……………………

…………………………………………………………透明溞 *Daphnia hyaline*

三、实验材料和用具

1．**实验用具** 光学显微镜，解剖镜，解剖器，培养皿，凹玻片，滴管等。

2．**实验材料** 枝角类代表种的浸制标本或活体标本。

四、方法与步骤

（1）由教师指定几种枝角类，根据它们的形态特征，按检索表的顺序检查，鉴定它们属于哪个科、属、种，并记录此枝角类的形态特点。

（2）检索表的使用方法：在检索表中列有 1、2、3……数字。在每一数字后都列有两条对立的特征。拿到需要鉴定的枝角类后，从数字 1 查起，两条对立的特征哪一条与所鉴定的枝角类一致，就按该条后面所指出的数字继续查下去，直到查出科、属或种为止。如被鉴定的枝角类符合 1 中“躯干部与胸肢全为壳瓣所包被”一条，此条对立的数字是（2），即再查 3，在 3 中“第 2 触角内、外肢均为 3 节；肠盘曲”与所鉴定的标本符合，为“盘肠溞科”。否则就再按后面指出的数字查下去，直至查到后面指出科、属或种的名称为止。

五、结果与报告

1．利用检索表将本次实验提供的枝角类标本鉴定到科、属或种。

2．根据自己所鉴定的枝角类，制作一个简单的枝角亚目各属或种的检索表（至少包括 6 个常见种）。

六、思考题

1．枝角类的主要特征是什么？

2．枝角类的主要分类依据是什么？

实验八 软甲纲口足目的分类及常见种类鉴别

一、目的及要求

学习软甲纲口足目形态分类的基本知识，学会利用生物检索表鉴别种类的方法。通过观察常见的代表种类，掌握各重要科、属的主要特征。

二、实验原理

（一）口足目的分类依据

（1）头胸甲长宽比、形状、头胸甲上各种脊的形态。
（2）捕肢各节内侧的齿数。
（3）第5胸节侧突数与伸展方向。
（4）腹部长宽比、腹甲上各种脊的形态。
（5）尾节及其上突起的形状、尾节末端齿的形状。

（二）口足目的分类检索

口足目分总科和科检索表

1（6）第3与第4胸肢的跗节宽，腹侧念珠状或有脊。尾节无锋利的中央脊……………………………………………………琴虾蛄总科 Lysiosquilloidea

2（3）第6与第7胸肢内肢末节宽卵形或半圆形。尾肢内肢外缘基部有明显的褶突……………………………………………………小虾蛄科 Nannosquillidae

3（2）第6与第7胸肢内肢末节长条状。尾肢内肢外缘基部无明显的褶突。

4（5）第2胸肢趾节基部膨大，跗节只基部有栉刺。额板圆形或长方形……………………………………………………………冠虾蛄科 Coronididae

5（4）第2胸肢趾节基部不膨大，跗节全部有栉刺。额板绳索状或三角形……………………………………………………………琴虾蛄科 Lysiosquillidae

6（1）第3与第4胸肢跗节细长，腹侧不呈念珠状，也无脊。尾节有锋利的中央脊。

7（8）尾节全部缘齿的齿尖都可活动…………深海虾蛄总科 Bathysquilloidea

只1科……………………………………………………深海虾蛄科 Bathysquillidae

8（7）节缘齿中最多只有亚中央齿的齿尖可以活动。

9（12）尾节间小齿4个以上……………………………虾蛄总科 Squilloidea

10（11）头胸甲后侧角深凹。第2胸肢跗节有直的长刺……………………………………………………………………钩虾蛄科 Harpiosquillidae

11（10）头胸甲后侧角圆钝。第2胸肢跗节只有栉刺而无直的长刺……………………………………………………………………………虾蛄科 Squillidae

12（9）尾节间小齿不超过2个………………大趾虾蛄总科 Gonodactyloidea

13（18）第2胸肢座节与长节的关节不端位，长节近端的突起超过关节。趾节基部膨大，外侧有明显的圆形突起。

14（15）吻板无端刺。第 2 胸肢趾节内侧有齿 ……齿指虾蛄科 Odontodactylidae

15（14）吻板有端刺。第 2 胸肢趾节内侧无齿。

16（17）尾肢外肢两节间的关节不端位，第 1 节的突起超过关节 ……………………………………………………………………大指虾蛄科 Gonodactylidae

17（16）尾肢外肢两节间的关节端位，第 1 节突起不超过关节 ……………………………………………………………………原虾蛄科 Protosquillidae

18（13）第 2 胸肢座节与长节间的关节端位，长节近端突起不超过关节。趾节不膨大，外侧无明显突起。

19（20）吻板三角形。复眼球形。第 2 胸肢趾节无刺……………………………………………………………………半虾蛄科 Hemisquillidae

20（19）吻板卵圆形或五角形，非三角形。复眼不呈球形。第 2 胸肢趾节有刺。

21（22）体节间关节松散灵活。第 2 胸肢趾节有 4 个以上的刺 ……………………………………………………………………宽虾蛄科 Eurysquillidae

22（21）身体坚硬，体节间关节不灵活。第 2 胸肢趾节刺不超过 3 个 ……………………………………………………………………假虾蛄科 Pseudosquillidae

虾蛄科　捕肢的长节与座节之间的关节是端接的，长节沟下位，能容纳掌节的全长；掌节的背面外缘有整齐的栉齿，或有一系列的固着棘。指节的基部一般不特别膨大。头胸甲有显著的棱脊；颈沟横生于头胸甲的后背面；前 5 腹节有纵隆脊。

虾蛄科分属检索表

1（16）第 5 胸节左右侧突各 1 个，呈刺状或叶状。

2（11）尾节亚中央齿的齿尖可活动。

3（4）第 1 触角很长。额板较短。复眼半球形…………瘦虾蛄属 *Leptosquilla*

4（3）第 1 触角不长。额板较长。复眼扁平或分成两部分。

5（6）左右眼鳞各有一直立的刺…………………………翼虾蛄属 *Pterygosquilla*

6（5）左右眼鳞无直立的刺。

7（8）复眼很大，眼柄膨大。左右眼鳞愈合………………… 绿虾蛄属 *Clorida*

8（7）复眼小至中等大小，前者宽于后者。左右眼鳞不愈合。

9（10）尾节无前侧小齿。前 5 个腹节无亚中央脊 … 侏儒虾蛄属 *Meiosquilla*

10（9）尾节常有前侧小齿。前 5 个腹节有亚中央脊 …近虾蛄属 *Anchisquilla*

11（2）尾节亚中央齿的齿尖不活动。

12（13）胸肢上肢不超过 3 对…………………………拟绿虾蛄属 *Cloridopsis*

13（12）胸肢上肢 4～5 对。

14（15）头胸甲纵脊发达完整。尾肢腹突内缘通常有锯齿，如果有刺，则尾

节背面有结节 ………………………………………………………………… 虾蛄属 *Squilla*

15（14）头胸甲纵脊不完整；如果完整，则无大颚须。尾肢腹突内缘有刺。尾节背面无结节 …………………………………………………………… 拟虾蛄属 *Squilloides*

16（1）第 5 胸节左右侧突各 2 个，呈叶状。

17（18）第 6 与第 7 胸节的左右侧突各 1 个………………………海滨虾蛄属 *Alima*

18（17）第 6 与第 7 胸节的左右侧突各 2 个。

19（20）复眼小，眼柄膨大。体表有网状隆脊………网虾蛄属 *Dictyosquilla*

20（19）复眼大，眼柄不膨大。体表无网状隆脊。

21（22）腹部纵脊不超过 8 条…………………………………… 口虾蛄属 *Oratosquilla*

22（21）腹部纵脊多于 8 条。

23（24）头胸甲纵脊超过 7 条………………………………… 脊虾蛄属 *Carinosquilla*

24（23）头胸甲纵脊不超过 7 条……………………………… 褶虾蛄属 *Lophosquilla*

口虾蛄属。体不被网状脊起（棱），第 5～7 胸节侧突分两瓣。腹部的纵棱不多于 8 条。眼柄不膨大，角膜比柄宽。捕肢的掌节呈栉状齿。

口虾蛄属分种检索表

1（2）头胸甲的中央脊几过一半成长叉裂，将达颈沟前才成一条 ……………………………………………………………………长叉口虾蛄 *Oratosquilla nepa*

2（1）头胸甲的中央脊近前端部呈“Y”形。

3（6）捕肢的腕节背缘有 3～5 齿。

4（5）体表有黑色斑纹………………………… 黑斑口虾蛄 *Oratosquilla kempi*

5（4）体表无黑色斑纹…………………………………口虾蛄 *Oratosquilla oratoria*

6（3）捕肢的腕节背缘有 1 齿。

7（8）第 6、7 胸节侧突前后瓣略等大 ………尖刺口虾蛄 *Oratosquilla mikado*

8（7）第 6、7 胸节侧突前后瓣长短不一。

9（10）捕肢指节内缘仅 5 齿 ………………屈足口虾蛄 *Oratosquilla gonypetes*

10（9）捕肢指节内缘有 6 齿 ……………… 无刺口虾蛄 *Oratosquilla inornata*

三、实验材料和用具

1．**实验用具**　光学显微镜，解剖镜，镊子，解剖针，放大镜，培养皿，载玻片，解剖盘等。

2．**实验材料**　各种虾蛄的活体或浸制标本。

四、方法与步骤

由教师指定几种常见虾蛄类，根据它们的形态特征，按检索表的顺序检查，鉴定它们属于哪个科、属、种，并记录所观察虾蛄的形态特点。

五、结果与报告

1. 利用检索表，鉴别各种实验虾蛄。
2. 自编简易检索表，区别各种实验虾蛄。

六、思考题

1. 虾蛄的主要分类依据是什么？
2. 虾蛄的捕肢是颚足还是步足？

实验九　虾类的分类及常见种类鉴别

一、目的及要求

学习软甲纲十足目虾类形态分类的基本知识，初步学会利用生物检索表鉴别种类的方法。通过观察常见的代表种类，掌握各重要科、属的主要特征。

二、实验原理

（一）十足目的分类依据

1. **额角**　头胸甲前端中央突出部分。
2. **尾节**　腹部一般分 7 节，其末节称为尾节。
3. **区**

额区：头胸甲背面前端，额角基部的部分。
眼区：额区两侧，眼眶附近的部分。
触角区：眼区两侧，触角基部附近的部分。
胃区：额区及眼区的后方，颈沟前方的部分。
肝区：颈沟以后，心区以前，头胸甲的中央部分。
心区：肝区后方及头胸甲后缘前方之间的部分。
颊区：触角区及肝区的下方，头胸甲两侧的前半部。
鳃区：心区两侧，颊区后方的部分。

4. **刺**

胃上刺：在额角后方，胃区背面的中央线上。
眼上刺：在眼区前缘，眼柄基部的上方。
眼后刺：在眼上刺的后方，接近头胸甲前缘。
触角刺：在眼眶两侧，第 1 触角基部，头胸甲前缘处。
鳃甲刺：在触角刺与前侧角之间。

颊刺：在头胸甲的前侧角。

肝刺：在肝区、胃区及触角区之间，颈沟的下端。

5．脊

额角后脊：在额角后方中线的上纵脊。

额角侧脊：在额角两侧，有时向后延长至头胸甲后缘附近。

额胃脊：自眼上刺向后，纵行至胃区前方（在额胃沟外侧）。

眼胃脊：自眼眶向后下方斜伸至肝刺上前方（在眼眶触角沟上方）。

触角脊：自触角刺向后下方斜伸至肝刺下前方（在眼眶触角沟下方）。

颈脊：自肝刺上方向后上方斜伸（在颈沟的后缘）。

肝脊：在肝刺下方，颊区之上，其前端直伸或向下方斜伸（在肝沟下方）。

心鳃脊：在心区及鳃区之间（心鳃沟外侧）。

6．沟

中央沟：在额角后脊的中央。

额角侧沟：在额角侧脊的内侧。

额胃沟：在额角基部两侧，向后伸至胃区前方（在额胃脊内侧）。

眼后沟：在眼区后方，额角基部两侧（具有此沟时，则无额胃沟）。

眼眶触角沟：自眼上刺与触角刺之间沿眼胃脊及触角脊至肝刺前方。

颈沟：自肝刺向后上方斜伸（在颈脊前方）。

肝沟：自肝刺下方向前后纵伸（在肝脊上方）。

心鳃沟：在心区及鳃区之间（在心鳃脊上方）。

7．附肢

甲壳动物的附肢是典型的双肢型附肢，基本上均由3部分构成，即原肢、内肢和外肢。按附肢形状，常可将其分为两大类：一类称为叶状肢，比较原始，形状扁平而不具关节；另一类称为杆状肢，比较特化，形状呈圆杆状，具关节。在原始的甲壳动物中，所有的附肢比较相似，而且往往兼有游泳和呼吸两种作用；在高等的甲壳动物中，其附肢趋向附肢数目的减少而特化成各不相同的各类附肢，起着不同的功能，如捕捉、抱握、防卫、攻击、呼吸及传送精子等。

对虾类具如下附肢，分述如下。

第1触角：司嗅觉及身体前方的触觉。基部宽大部分为柄，由3节构成，第1节基部丛毛中有平衡囊，司体躯平衡；基部外缘有一刺状突起，称为柄刺，内缘中部向前伸出一能自由转动的叶片状突起，称为内侧附肢 （仅对虾科具此附肢）。第3节末端具有触角鞭2支，外侧者称为上鞭或外鞭，内侧者称为下鞭或内鞭。

第2触角：司身体两侧及后部的触觉。原肢2节，第1节不明显，第2节粗大，外肢为宽叶片状，称为第2触角鳞片。

大颚：为主要的咀嚼器官，分为3部，即切齿部、臼齿部及触须。

第1小颚：由3小薄片构成。

第2小颚：原肢两大片，内肢细小，外肢极发达，呈叶片状，称为颚舟片（scaphognathite）。虾生活时，此叶片不断摆动，使鳃腔中的水不断流动，以助呼吸。

颚足：共3对，为摄食的辅助器官。依次为第1颚足、第2颚足与第3颚足。

胸足：共5对，为捕食及爬行器官。前3对呈螯（钳）状，后2对呈爪状。胸足基本上均由7节构成，即底节、基节、座节、长节、腕节、掌节和指节。掌节在钳足中分为掌部及不动指两部分，指节在钳足中为可动指。

腹部附肢：共6对，为主要的游泳器官，原肢为1节，内、外肢均不分节，边缘具羽状刚毛。依次为第1腹肢、第2腹肢（雄性在内肢的内侧基部具一小型附属肢，称为雄性附肢）、第3腹肢、第4腹肢、第5腹肢与尾肢，尾肢与尾节合称为尾扇。

8．鳃

因其着生的部位不同而分为以下4类。

侧鳃：着生于胸部附肢基部上方身体侧壁上。

关节鳃：着生于胸部附肢底节与体壁间的关节膜上。

足鳃：着生于胸部附肢底节外面。

肢鳃（鞭鳃）：着生于胸部附肢底节外面，又称上肢。

9．身体各部分的测量方法

头胸甲长度：头胸甲前缘至后缘中线的长度。

头胸甲宽度：头胸甲的最宽处。

额-眼窝缘（外眼窝）宽度：两外眼窝角之间的距离。

额长：与背眼缘同一直线的额的基部至额的末端的长度。

额宽：上述额的基部之间的宽度。

螯、步足长度：各节前后缘的总长。

腹部各节的长度：其中线的长度。

腹部各节的宽度：其最宽处。

（二）十足目分类检索表

十足目为甲壳动物中最大的一个目，有9000多种。Bowman和Abele（1982）将十足目分为枝鳃亚目和腹胚亚目 2 个亚目。该分类系统也被 Martin 和 Davis（2001）在修订的甲壳动物分类系统采用。

以下为所建议的十足目分类系统。

十足目 Decapoda Latreille，1803

Ⅰ. 枝鳃亚目 Dendrobranchiata Bata，1988

1 对虾总科 Penaeoidea Rafinesqae，1815

2　樱虾总科 Sergestoidea Dana，1852

Ⅱ．腹胚亚目 Pleocyemata Burkenroad，1963

1　猥虾下目 Stenopodidea Claus，1872

2　真虾下目 Caridea Dana，1852

3　螯虾下目 Astacidea Latreille，1803

海螯虾总科 Nephropsidea Dana，1852

螯虾总科 Astacoidea Latreille，1803

拟螯虾总科 Parastacoidea Huxley，1879

4　海蛄虾下目 Thalassinoidea Latreilla，1831

海蛄虾总科 Thalassinoidea Lineage，1831

5　龙虾下目 Palinura Latreille，1903

雕虾总科 Glypheoidea Zittel，1885

鞘虾总科 Eryonoidea de Haan，1841

龙虾总科 Palinuroidea Latreille，1803

6　歪尾下目 Anomura H. M. Edwards，1832

陆寄居蟹总科 Coenobitoidea Dana，1851

寄居蟹总科 Paguroidea Latreille，1803

铠甲虾总科 Galatheoidea Samouelle，1819

蝉蟹总科 Hippoidea Latreille，1825

7　短尾下目 Brachyura Latreille，1803

绵蟹派 Dromiacea de Haan，1833

古短尾派 Archaeobrachyura Guinot，1977

尖口派 Oxystomata H. M. Edwarda，1834

尖额派 Oxyrhyncha Latreille，1803

黄道蟹派 Cancridea Latreille，1803

方额派 Brachyrhyncha Borradaile，1907

（三）对虾总科分类

对虾总科体躯侧扁，腹部发达。头腹甲具有发达的额角，第 2 腹节侧甲前部不覆盖第 1 腹节。3 对步足有螯，胸肢具枝状鳃，另外，还有侧鳃、足鳃与关节鳃。雄性第 1 腹肢内肢变为雄性交接器，第 2 腹肢有雄性附肢。尾节末端尖细。雌性在胸部末两对步足基部之间的腹甲形成具特殊构造的雌性交接器。

对虾总科全为海产，大多数种生活于浅海，也有深海种类。对虾类直接将卵产于海水中，受精卵孵化为无节幼体，经溞状幼体和糠虾幼体阶段蜕皮、变态为仔虾。

对虾总科各科检索表

1（2）颈沟伸至背面或接近脊背，具眼后刺，雄性腹肢的末端为两个鳞片……………………………………………………………管鞭虾科 Solenoceridae

2（1）无眼后刺。胸部肢体自第2颚足以后都不具外肢，腹部不具内肢。胸部自第3节以后无侧鳃……………………………………单肢虾科 Sicyoniidae

3（4）外壳平整，3～5腹肢双肢型，额齿和后额齿总共有1枚或2枚（极少数有3枚）……………………………………………深对虾科 Benthesicymidae

4（3）额齿和后额齿多于2枚，第1触角柄内侧腹肢发达。胸部附肢自第1颚足以后具有外肢，腹肢具内、外两肢。胸部第3节以后的体节具侧鳃……………………………………………………………………对虾科 Penaeidae

5（4）第1触角柄内侧腹肢退化或呈刚毛状………………… 须虾科 Aristeidae

对虾科各属检索表

1（2）雄性生殖肢左右不对称。第3颚足有1底节刺……………………………………………………………………………… 赤虾属 *Metapenaeopsis*

2（1）雄性生殖肢左右对称。第3颚足无底节刺。

3（22）头胸甲表面无纵走缝合线。

4（5）眼很长，宽与眼柄几乎相等……………………长眼对虾属 *Miyadiella*

5（4）眼正常，比眼柄宽。

6（11）第8胸节有1对侧鳃。第3颚足有上肢。

7（8）雄性腹肢末端有1对突起………………………… 原对虾属 *Funchalia*

8（7）雄性腹肢末端无突起。

9（10）雄性个体第1步足很长 ………………………怪对虾属 *Heteropenaeus*

10（9）雄性个体第1步足长度一般 ……………………………对虾属 *Penaeus*

11（6）第8胸节无侧鳃。第3颚足无上肢。

12（13）有鳃甲刺。第1小颚须不分节………………… 似对虾属 *Penaeopsis*

13（12）无鳃甲刺。第1小颚须分节。

14（17）末2对步足很细。

15（16）第7胸节的侧鳃棒状。雄性交接器一般无突起…………………………………………………………………………神女对虾属 *Artemesia*

16（15）第7胸节的侧鳃退化。雄性交接器有一剑状突起……………………………………………………………………长殖对虾属 *Macropetasma*

17（14）末2对步足一般。

18（19）第7胸节有侧鳃。第5步足无外肢…………新对虾属 *Metapenaeus*

19（18）第7胸节无侧鳃。第5步足有外肢。

20（21）尾节有背侧刺。第2、第3步足均无底节刺和座节刺 ………………

……………………………………………………拟糙对虾属 *Trachypenaeopsis*

21（20）尾节无背侧刺。第 2 步足有 1 底节刺和 1 座节刺，第 3 步足有 1 底节刺……………………………………………………………异对虾属 *Atypopenaeus*

22（3）头胸甲表面有纵走缝合线。

23（26）第 1 步足无座节刺。头胸甲纵走缝合线约达到头胸甲中部。

24（25）第 1 触角外鞭明显长于内鞭…………………剑对虾属 *Xiphopenaeus*

25（24）第 1 触角内、外鞭长度几乎相等……………拟对虾属 *Parapenaeus*

26（23）第 1 步足有座节刺。头胸甲纵走缝合线达到肝刺前方或几乎达到头胸甲后缘。

27（28）纵走缝合线几乎达到头胸甲后缘。尾节有 1 对不活动的背侧刺。第 2 步足无底节刺……………………………………………仿对虾属 *Parapenaeopsis*

28（27）纵走缝合线达到肝刺前方。尾节无不活动的背侧刺。第 2 步足有 1 底节刺。

29（30）第 2 颚足无外肢。尾节活动的背侧刺较多，常有 8 个以上。末 2 对步足呈鞭状……………………………………………原糙对虾属 *Protrachypenaeus*

30（29）第 2 颚足有外肢。尾节活动的背侧刺较少，少于 8 个。末 2 对步足正常………………………………………………………糙对虾属 *Trachypenaeus*

对虾属分种检索表

1（4）额角侧沟浅，伸至胃上刺下方；无中央沟，无肝脊；生活时身体不具彩色斑纹。

2（3）额角后脊伸至头胸甲中部……… 中国明对虾 *Fenneropenaeus chinensis*

3（2）额角后脊伸至头胸甲后缘附近。

4（1）额角侧沟深，伸至胃上刺下方或向后延伸；具中央沟，具肝脊；生活时身体具彩色斑纹。

5（6）额角侧沟向后延伸至头胸甲后缘附近；有明显的额胃脊……………
……………………………日本囊对虾 *Penaeus*（*Marsupenaeus*） *japonicus*

6（5）额角侧沟向后延伸至胃上刺下方；不具明显的额胃脊。

7（8）额角侧脊高而锐；肝脊向前下方倾斜；第 1 触角鞭短于其柄部；第 3 步足的末端超过第 2 触角鳞片的中部；第 5 步足具雏形外肢………………………
……………………………………………短沟对虾 *Penaeus semiculcatus*

8（7）额角侧脊低而钝；肝脊平直；第 1 触角鞭长于其柄部；第 5 步足不具外肢…………………………………………………斑节对虾 *Penaeus monodon*

9（10）额角基部背面隆起较高；雄性第 3 颚足指节长为掌节的 1.5～2.7 倍
…………………………………………………长毛对虾 *Penaeus penicillatus*

10（9）额角基部背面隆起不明显；雄性第 3 颚足指节和掌节大致等长……

…………………………………………………… 印度对虾 *Penaeus indicus*

新对虾属常见种类检索表

1（2）额角稍弯曲；第 1 步足不具座节刺…………………………………………………

…………………………………………………… 周氏新对虾 *Metapenaeus joyneri*

2（1）额角平直；第 1 步足具座节刺………… 刀额新对虾 *Metapenaeus ensis*

仿对虾属常见种类检索表

1（2）头胸甲不具胃上刺；第 1、2 步足不具上肢………………………………………

……………………………………………………细巧仿对虾 *Parapenaeopsis tenella*

2（1）头胸甲具胃上刺；第 1、2 步足具上肢。

3（4）额角雌雄同形，雌性额角比头胸甲长…………………………………………

……………………………………………哈氏仿对虾 *Parapenaeopsis hardwickii*

4（3）额角雌雄异形，雌性额角较长，末端上扬，但比头胸甲短；雄性额角呈匕首形，较短 …………………………… 刀额仿对虾 *Parapenaeopsis cultrirostris*

（四）常见真虾类（下目）基本特征及分类

体多侧扁。腹部不特别长大，第 2 节侧甲覆盖于第 1 节侧甲的外面。前 2 对步足呈钳状或亚钳状。鳃叶状。雌性产的卵抱于腹肢上。大部分海产，少数淡水产，经济种类较多。

真虾下目分科检索表

1（3）第 1 步足钳状(至少 1 只呈钳状) 。

2（6）前 2 对钳足的指节内缘均呈梳状………………… 玻璃虾科 Pasiphaeidae

3（1）第 1 步足半钳状或简单呈指状。

4（5）第 1 步足简单，第 2 步足腕节分节…………………长额虾科 Pandalidae

5（4）第 1 步足半钳状，第 2 步足腕节不分节………… 褐虾科 Crangonidae

6（2）钳足的指节内缘不呈梳状。

7（8）眼柄极长，延伸至第 1 触角柄的末端…………… 长眼虾科 Ogyrididae

8（7）眼柄正常或被头胸甲所覆盖。

9（10）眼的全部和一部分被头胸甲覆盖，第 1 钳足特别粗大，且左右对称

…………………………………………………………… 鼓虾科 Alpheidae

10（9） 眼不被头胸甲所覆盖，第 1 钳足不特别粗大。

11（12）第 2 钳足的钳比第 1 钳足的大，且腕节不分节………………………………

…………………………………………………… 长臂虾科 Palaemonidae

12（11）第 2 钳足的钳不比第 1 钳足的大。

13（14）第 1 钳足短而强壮，但不膨大…………………… 藻虾科 Hippolytidae

14（13）第 1 步足通常左右不对称，一只呈钳状，而另一只简单 …………

…………………………………………………………………………异指虾科 Processidae

长臂虾科特征与分类：额角发达，通常侧扁，具有锯齿。头胸甲具触角刺；鳃甲刺及肝刺有或无。眼较发达。第 3 颚足具有外肢，第 1、2 对步足呈钳状，第 1 对步足较小，步足均不具肢鳃。生活于海洋、咸淡水或淡水中。其经济重要性在虾类中仅次于对虾科和樱虾科。

长臂虾科包括 4 个亚科，即长臂虾亚科、隐虾亚科、宽角虾亚科和盲虾亚科。

长臂虾科分亚科检索表

1（2）第 1 触角外鞭与副鞭完全分离。雄体第 2 腹肢无雄性附肢；雌体无内附肢。第 3 颚足无侧鳃……………………………………………宽角虾亚科 Euryrhynchinae

2（1）第 1 触角外鞭与副鞭基部相互愈合。雄体第 2 腹肢通常有雄性附肢；雌体无附肢。第 3 颚足有侧鳃或无侧鳃。

3（4）头胸甲左右两侧各有 1 纵走的愈合缝，前端一直伸展到触角区。第 3 颚足无侧鳃……………………………………………………盲虾亚科 Typhlocaridinae

4（3）头胸甲左右两侧无纵走的愈合缝。

5（6）第 3 颚足无侧鳃。尾节末缘常有 3 对刺………… 隐虾亚科 Pontoniinae

6（5）第 3 颚足有 1 侧鳃。尾节末缘常有 2 对刺和 2 根以上刚毛 …………
……………………………………………………………………长臂虾亚科 Palaemoninae

长臂虾亚科分属检索表

1（2）有眼上刺 ……………………………………………………链虾属 *Desmocaris*

2（1）无眼上刺。

3（14）有鳃甲刺。

4（7）无大颚须。

5（6）雄体第 1 腹肢的内肢有发达的内附肢。无鳃甲沟。第 5 对步足的跗节后缘远端部无横排的刚毛 ………………………………………近瘦虾属 *Leandrites*

6（5）雄体第 1 腹肢的内肢无内附肢。鳃甲沟明显。第 5 对步足的跗节后缘远端部有几行横排的刚毛 …………………………………小长臂虾属 *Palaemonetes*

7（4）有大颚须。

8（9）眼无色素；角膜退化。头胸甲无鳃甲沟。第 1 触角柄的基部一节前缘内凹，前侧刺强壮。大颚须 2 节。第 5 对步足的跗节后缘远端部有几行横排的刚毛
……………………………………………………………………克氏虾属 *Creaseria*

9（8）眼有显著的色素；角膜发达。头胸甲有或无鳃甲沟。第 1 触角柄的基部一节前缘凸出呈圆形，前侧刺小。

10（11）雄体第 1 腹肢的内肢有十分发达的内附肢。无鳃甲沟。大颚须 2 节。第 5 对步足的跗节后缘远端部无横排的刚毛。尾节末缘的 2 根中央刚毛粗壮 ……
…………………………………………………………………………瘦虾属 *Leander*

11（10）雄体第 1 腹肢的内肢无附肢，或有退化的内附肢。常有鳃甲沟。大颚须 2～3 节。第 5 对步足的跗节后缘远端部有几行横排的刚毛。尾节末缘的 2 根中央刚毛细小……………………………………………………长臂虾属 *Palaemon*

12（13）末 3 对步足的趾节很长，其长度大于胫节与跗节的总长。头胸甲无鳃甲沟。柄刺背面有一大齿……………………………线足虾属 *Nematopalaemon*

13（12）末 3 对步足的趾节常短于跗节。头胸甲有鳃甲沟。柄刺背面无大齿……………………………………………………………白虾属 *Exopalaemon*

14（3）无鳃甲刺。

15（20）无肝刺。

16（17）无大颚须。眼无色素……………………古巴洞虾属 *Troglocubanus*

17（16）有 3 节的大颚须。眼有明显的色素。

18（19）第 2 步足细长，光滑无刺。胫节比钳长 1.5 倍以上。额剑长，超过第 2 触角鳞片……………………………………………………细胫虾属 *Leptocar*

19（18）第 2 步足粗壮，有刺。胫节不足钳长的一半。额剑高而短，不突出至第 2 触角鳞片之前……………………………………………掩眼虾属 *Cryphiops*

20（15）有肝刺。

21（22）无大颚须。末 3 对步足的趾节单爪形····拟长臂虾属 *Pseudopalaemon*

22（21）有大颚须。

23（24）末 3 对步足的趾节单爪形…………………… 沼虾属 *Macrobrachium*

24（23）末 3 对步足的趾节双爪形…………………… 短胫虾属 *Brachycarpus*

常见白虾属分种检索表

1（4）额角长度短于头胸甲，鸡冠状隆起长于尖细部分。

2（3）额角上缘末端无附加齿，第 2 步足指节的长度约与掌部相等，腕节长于指节………………………………………………秀丽白虾 *Exopalaemon modestus*

3（2）额角末端约 1/4 超出第 1 触角柄末缘。基部的鸡冠状隆起部长于末端的细尖部。上缘具 7 齿。下缘具 2 齿，位于末半的基部……………………………
…………………………………………………海南白虾 *Exopalaemon hainanensis*

4（1）额角长度不小于头胸甲。

5（6）额角长度约等于头胸甲。上缘基部的鸡冠状隆起稍低平，末端清楚地向上扬起。上缘具 10～13 齿。下缘具 3～6 齿，由中部一直分布到末端 ………
………………………………………………新疆白虾 *Exopalaemon xinjiangensis*

6（5）额角长度明显大于头胸甲。

7（8）第 2 步足腕节约与掌部等长；第 4 及第 5 对步足的指节正常；腹部第 3～6 节背面有纵脊。额角侧扁，长度为头胸甲的 1.2～1.5 倍。尾节明显长于第 6 节…………………………………………………脊尾白虾 *Exopalaemon carinicauda*

8（7）第 2 步足腕节极短，其长度不足掌部之半；第 4 及第 5 对步足的指节特别细长，腹部各节背面无纵脊。额角细长，其长度为头胸甲长的 1.5～2.0 倍，末端向上翘……………………………………………安氏白虾 *Exopalaemon annandalei*

常见沼虾属分种检索表

1（2）额角较长，前端向上弯曲，额角上缘齿为 12～15，下缘齿为 10～13；体大型，淡青蓝色，幼虾呈透明状，第 2 步足粗壮……………………………………………………………………………………罗氏沼虾 *Macrobrachium rosenbergii*

2（1）额角较短，向前平直延伸，额角上缘齿为 11～15，下缘齿为 2～4，体中小。

3（4）额角齿式为 11-15/3，体中型，青灰色或豆沙色，幼虾呈半透明状，第 2 步足粗壮，指节仅切断缘基部有 1 行稀疏的短毛……………………………………………………………………………………海南沼虾 *Macrobrachium hainanense*

4（3）额角齿式为 12-15/2-4，体小型，青灰色或豆沙色，幼虾呈半透明状，第 2 步足纤细，指节表面覆盖有较密的绒毛……………………………………………………………………………………日本沼虾 *Macrobrachium nipponense*

（五）无螯下目基本特征及分类

无螯下目中，最常见的是龙虾。龙虾的体形大多数较扁平，额角很小或无。头胸甲与口前板愈合，5 对步足呈指状（爪状）或全部呈钳状。两性多不具第 1 腹肢，雌性具内附肢；尾肢的外肢不具横缝。幼体要经过叶状幼体期（phyllosoma larvae）。全为海产。

龙虾是虾类中体型最大的，体长一般为 20～40cm，体重在 0.5kg 左右，最大的有 3～4kg。龙虾行动缓慢，多生活在多岩礁的浅水地带，白昼常潜伏在海底岩礁的缝隙里，两根粗大的第 2 触鞭裸出外面，向前作圈式转动或呈“八”字分开。龙虾在夜晚出来觅食。

龙虾一般在夏秋两季抱卵繁殖，卵呈圆球状，较小，一般呈橙红色，有卵柄，缠绕成葡萄状，抱于雌体腹部，有几十万至 100 万粒之多。孵出的幼体好似一片树叶，故称为“叶状幼体”。叶状幼体要在海洋上漂浮半年以上，经过几次蜕皮，变成龙虾的模样，经过一个游泳生活阶段后，才定居于海底，营爬行生活。

龙虾可食部分约占体重的 60%，蛋白质含量较高，磷的含量也很丰富。除食用外，还可入药。

最新分类学研究表明，无螯下目分为龙虾科和蝉虾科两科。龙虾科包括 10 种，它们主要分布于福建南部、台湾和广东近海。其中，中国龙虾为我国龙虾中最重要的经济种类，也是我国的特有地方种。

蝉虾科中有不少经济种类，如东方扇虾、毛缘扇虾、九齿扇虾、鳞突拟蝉虾等，它们个体较大，味道也很鲜美。例如，扇虾（俗称琵琶虾）很受人们欢迎。

无螯下目分科检索表

1（2）头胸甲呈圆筒形。眼不包藏于眼眶内。第2触角具粗长的节鞭………………………………………………………………………………龙虾科 Palinuridae

2（1）头胸甲背腹扁平；有眼窝；第2触角宽而扁平，不具节鞭………………………………………………………………………………蝉虾科 Scyllaridae

龙虾科分属检索表（我国仅有2属）

1（2）头胸部呈棱柱形，眼上刺中间愈合；第1触角鞭短，第2触角基部紧相邻，遮盖第1触角基部……………………………………脊龙虾属 *Linuparus*

2（1）头胸部呈圆筒形，两眼上刺分离，尖而粗大；第1触角鞭较长，第2触角基部间距较大，不遮盖第1触角基部…………………………龙虾属 *Panulirus*

脊龙虾属在我国有2种，其中泥污脊龙虾仅分布于我国南海；而脊龙虾在东海、南海皆有分布。

龙虾属在我国有8种，它们栖息于东海、南海近岸多岩礁的浅水地带。浙江有2种。

龙虾属分种检索表

1（2）腹节背板左右两侧横向各有一较宽的凹陷，凹陷处生有短毛………………………………………………………………中国龙虾 *Panulirus stimpsoni*

2（1）腹节背板光滑无凹陷………………………锦绣龙虾 *Panulirus ornatus*

三、实验材料和用具

1．**实验用具**　光学显微镜，解剖镜，解剖针，镊子，放大镜，培养皿，载玻片，解剖盘等。

2．**实验材料**　各种虾的新鲜或浸制标本。

四、方法与步骤

由教师指定几种常见虾类，根据它们的形态特征，按检索表的顺序检查，鉴定它们属于哪个科、属、种。并记录所观察虾类动物的形态特点。

五、结果与报告

编制所观察实验虾类的检索表。

六、思考题

虾类的主要分类依据是什么？

实验十　寄居蟹的形态观察及分类

一、目的及要求

学习寄居蟹分类的基本知识，了解寄居蟹分类的依据，初步学会利用检索表进行不同种类寄居蟹的鉴别。

二、实验原理

（一）寄居蟹的分类依据

寄居蟹即异尾族，又称歪尾族，是介于虾和蟹之间的甲壳动物。头胸甲与唇瓣分离，第 2 触角在眼的外侧，有较发达的触鞭，第 3 颚足通常较窄，腹部比较发达，形状多不对称，常有尾肢。

外形：体长形，头胸甲一般不盖住最后胸节，能活动，侧壁几乎垂直，后部扩展较宽，大多数个体左右不对称。眼柄常很发达，能动，基节较大，背面有眼鳞，左右第 3 对颚足接近或离开，是重要的分类依据。尾肢及尾节十分对称，但往往左面比右面发达。

（二）寄居蟹总科检索表

寄居蟹总科检索表

1（2）无尾肢。第 4 对步足与前 3 对同样发达。头胸甲近似真正蟹类 ………………………………………………………………………石蟹科 Lithodidae

2（1）有尾肢。第 4 对步足明显短于前 3 对。头胸甲近似或不似真正蟹类。

3（6）腹部左右对称。有多对腹肢。头胸甲近似或不似真正蟹类。

4（5）头胸甲近似真正蟹类；腹部的一部分弯曲在头胸部之下。雄体第 1～4 腹节、雌体第 2～5 腹节均有成对的腹肢 ……………………… 类蟹科 Lomisidae

5（4）头胸甲不似真正蟹类；腹部向后直伸，不弯曲在头胸部之下。除尾肢外，雌雄个体都有 5 对腹肢…………………………守门寄居蟹科 Pomatochelidae

6（3）腹部左右不对称。无腹肢或只有少数几对腹肢。头胸甲不似真正蟹类。

7（10）第 1 触角柄部较短，长度小于眼柄的 2 倍；节鞭末端逐渐变细。眼柄不侧扁。海栖。

8（9）第 3 对颚足的基部左右远离 ……………………… 寄居蟹科 Paguridae

9（8）第 3 对颚足的基部左右靠近 ………………… 活额寄居蟹科 Diogenidae

10（7）第 1 触角柄部较长，长度约为眼柄的 5 倍；节鞭急骤收削或末端钝。眼柄侧扁。陆栖 …………………………………………陆寄居蟹科 Coenobitidae

1．石蟹科

石蟹科分亚科和属检索表

1（10）额剑短。腹部柔软，不完全钙化……软腹蟹亚科 Hapalogasterinae

2（3）头胸甲背面平坦………………………………扁鳞蟹属 *Placetron*

3（2）头胸甲背面隆起。

4（5）全身满布锐刺…………………………拟刺石蟹属 *Acantholithodes*

5（4）全身锐刺少或无。

6（7）头胸甲左右侧缘有齿……………………软腹蟹属 *Hapalogaster*

7（6）头胸甲左右侧缘无齿。

8（9）头胸甲鳃区明显向外侧突出，前侧角钝………大颚蟹属 *Oedignathus*

9（8）头胸甲鳃区不明显向外侧突出，前侧角尖……皮腹蟹属 *Dermaturus*

10（1）额剑长。腹部坚硬，高度钙化…………………石蟹亚科 Lithodinae

11（12）头胸甲发达，覆盖整个身体………………隐石蟹属 *Cryptolithodes*

12（11）头胸甲不发达。

13（14）头胸甲背面有大突起。额剑粗而向前突出，末端钝圆……………………………………………………………………雕石蟹属 *Sculptolithodes*

14（13）头胸甲背面无大突起。额剑末端尖。

15（18）全身密被刺或突起。

16（17）体较软，钙化不完全。全身密被锐刺。第2腹节有5块骨板……………………………………………………………………新石蟹属 *Neolithodes*

17（16）体坚硬，高度钙化。全身密被粗的结节或刺。第2腹节的骨板愈合成一块……………………………………………………刺石蟹属 *Paralomis*

18（15）全身只被较少的刺。

19（20）第2腹节有5块大的侧板。第2触角的外刺发达。步足较粗……………………………………………………………………拟石蟹属 *Paralithodes*

20（19）第2腹节只有3块大的侧板。第2触角的外刺退化。步足细长……………………………………………………………………石蟹属 *Lithodes*

2．类蟹科　只有1属，即类蟹属（*Lomis*）。腹部左右对称，部分弯曲而贴附在头胸部之下。腹部的7块背甲愈合成一块并向左右两侧扩展。第5步足退化。雌雄两性都有成对腹肢，雄体为1～2对，第3～4对腹肢退化，雌体为1对，第2～5对腹肢退化。

3．守门寄居蟹科

守门寄居蟹科分属检索表

1（2）无额剑。左右螯足大小不等。第4对步足无钳，第5对步足有钳……………………………………………………………………守门蟹属 *Pylocheles*

2（1）有三角形额剑。左右螯足大小相等。第 4 与第 5 对步足都有半钳 ……
……………………………………………………………螯盖蟹属 *Pomatocheles*

4．寄居蟹科

寄居蟹科分属检索表

1（2）头胸甲背面平坦；腹部短，腹肢着生在背面……………………………
……………………………………………………瓷寄居蟹属 *Porcellanopagurus*

2（1）头胸甲背面隆起；腹部长，腹肢着生在腹面。

3（8）雌雄两性中有一性的腹肢成对。螯足钳趾开闭活动面斜或水平。

4（5）雄体第 1 与第 2 腹肢成对，后 3 对腹肢只保留左侧的 3 只。雌体无成对的腹肢，第 1 对完全退化，只保留后 4 对的左侧 4 只。螯足钳趾开闭活动面斜。输精管末端不突出 ……………………………………………拟寄居蟹属 *Parapagurus*

5（4）雄体前两对腹肢都已完全退化，后 3 对只保留左侧的 3 只。雌体第 1 腹肢成对，后续 4 对只保留左侧的 4 只。螯足钳趾开闭活动面水平。

6（7）输精管末端不突出 ………………………………卫士寄蟹属 *Pylopagurus*

7（6）输精管末端突出 ……………………………线突寄蟹属 *Nematopagurus*

8（3）两性均无成对的腹肢。螯足钳趾开闭活动面水平。

9（10）不成对的腹肢两性各有 4 只。输精管末端不突出 …寄居蟹属 *Pagurus*

10（9）不成对的腹肢雄体有 3 只，雌体有 4 只。

11（12）一对输精管末端都突出，左输精管突出成一短管，有输精管突出呈剑状 ……………………………………………………………半寄居蟹属 *Catapagurus*

12（11）只左输精管末端突出。

13（14）左输精管突出部弯曲呈剑状…………………近寄居蟹属 *Anapagurus*

14（13）左输精管突出部呈螺旋状…………………旋突寄蟹属 *Spiropagurus*

5．活额寄居蟹科

活额寄蟹科分属检索表

1（2）雄体第 1 与第 2 腹肢成对，雌体第 1 腹肢成对……………………
……………………………………………………………长眼寄蟹属 *Paguristes*

2（1）无成对的腹肢。

3（4）腹部直或简单地弯曲。雄体无腹肢，雌体只左侧有后 4 只腹肢 ……
……………………………………………………………细工寄蟹属 *Cancellus*

4（3）腹部螺旋状扭曲。只左侧有后 4 只腹肢。

5（6）螯足与前 2 对步足有环纹，左右螯足大小相等或几乎相等 …………
……………………………………………………………环纹寄蟹属 *Aniculus*

6（5）螯足与前 2 对步足无环纹；腹距寄蟹属（*Dardanus*）中少数种虽有环纹，但左右螯足大小不等。

7（10）螯足左右同形而几乎大小相等；钳趾开闭活动面水平。
8（9）螯足钳趾呈匙状。第2触角节鞭长而无毛……细螯寄蟹属 *Clibanarius*
9（8）螯足钳趾尖。第2触角节鞭短而多毛…………等螯寄蟹属 *Isocheles*
10（7）螯足左右异形而又不等大；钳趾开闭活动面斜或近乎垂直。
11（12）左右螯足不等大，右螯略大于左螯…………石螯寄蟹属 *Petrochirus*
12（11）左右螯足明显不等大，左螯明显大于右螯。
13（14）左右眼鳞间无额齿而有1活动刺……………活额寄蟹属 *Diogenes*
14（13）左右眼鳞间有额齿而无活动刺。
15（16）大螯钳掌平滑而无刚毛…………………………硬壳寄蟹属 *Calcinus*
16（15）大螯钳掌有疣状突起与刚毛。
17（18）无额剑。眼鳞大………………………………腹距寄蟹属 *Dardanus*
18（17）有额剑，但不发达。眼鳞小………………异型寄蟹属 *Allodardanus*

6．陆寄居蟹科

陆寄居蟹科分属检索表

1（2）成体腹部不对称，寄居于螺壳内………………陆寄居蟹属 *Coenobita*
2（1）成体腹部对称，不寄居在螺壳及其他物体内…………椰子蟹属 *Birgus*

三、实验材料和用具

1．**实验用具**　光学显微镜，解剖镜，剪刀，镊子，解剖针等。
2．**实验材料**　不同种类寄居蟹标本样品。

四、方法与步骤

取寄居蟹标本，借助解剖针、镊子、光学显微镜和解剖镜进行观察。首先观察头胸甲形态并记录特征，将所观察的寄居蟹的特征与分类检索表中寄居蟹科的特征进行对比，确定属于哪个科。然后结合各属的分类特征进行分类。

五、结果与报告

对所观察到的寄居蟹进行分类，编制寄居蟹检索表。

六、思考题

1．寄居蟹的分类依据都有哪些？
2．为什么说寄居蟹不是真正的蟹？

实验十一　蟹类的分类及常见种类鉴别

一、目的及要求

学习软甲纲十足目蟹类形态分类的基本知识，初步掌握利用生物检索表鉴别种类的方法。通过观察常见的代表种类，掌握各重要科、属的主要特征。

二、实验原理

（一）蟹类的分类依据

参看虾类的分类依据。

蟹类的整体可分为头胸部、腹部及附肢。

头胸部的背面覆以头胸甲，形状随类群种别而异，其表面常被细沟缝及高低不平的突起而分成若干区，这些区域一般和内脏位置相对应，分别称为额区、眼区、胃区、心区、肠区、肝区和鳃区。上述各区又可分成许多小区，这些小区都有一定的名称，在分类上也很有意义。

头胸甲的边缘随其位置可分为额缘、背眼缘、腹眼缘、前侧缘、后侧缘及后缘。头胸甲的腹面前部对应内脏，又可分为下肝区、颊区、口前板和口腔。

头胸部腹面覆以腹甲，分 7 节，一般第 1～3 节愈合，第 4～7 节分节清楚。打开腹部，通常在雄性第 4 腹甲上有 1 对圆形的突起，在雌性第 5 腹甲上有 1 对生殖孔。

腹部扁平，肌肉退化，平时卷折在头胸部的腹面，通常分 7 节，有时其中部数节愈合。雄性一般呈尖三角形（未成熟的雌性腹部为等腰或等边三角形），雌性较宽大，呈长卵形或圆形。

头胸部的附肢，在额的两侧具有复眼，有眼柄，平时横卧于眼窝内。腹面近于额下，有较粗壮的第 1 触角（基部藏有平衡器），两眼内侧有细瘦的第 2 触角（基部藏有排泄器或称绿腺），在分类中，特别值得注意的是第 2 触角的位置及其基节的形状。

口腔内的口器，从里向外依次按位置由大颚、小颚（第 1、2 小颚）与颚足（第 1～3 颚足）共同组成。头胸部的两侧有 5 对胸足，第 1 对为螯足，可用于钳取食物，遇敌自卫，挖造洞穴，以及在性行为中进行炫耀，尤其是在陆生及半陆生性的类别中，其作用更为明显。后 4 对步足可用于行走或游泳。这些胸足由 7 节组成，从近体端向末端依次称底节、基节、座节、长节、腕节、掌节、指节。

雄性腹部的附肢只有第 1、2 节的腹肢还存在，形成交接器，形状多样，是分类依据之一。雌性腹部第 2～5 节上的腹肢均存在，各分内、外肢，均有刚毛，可用以附着卵粒。

（二）蟹类的分类检索表

短尾下目方额派分科检索表

1（6）第 3 颚足腕节与长节相接于或接近于长节的内末角。头胸甲圆形或横卵形。雄性生殖孔几乎总是位于底节。右螯通常大于左螯。

2（3）末对步足扁平，适于游泳。第 1 颚足内肢的内角常有 1 小叶。第 1 触角斜折或横折……………………………………………………梭子蟹科 Portunidae

3（2）步足不适于游泳。第 1 颚足内肢的内角不具内叶。

4（5）头胸甲横卵形或前部加宽。雄性生殖孔很少开口于腹甲上……………………………………………………………………………………扇蟹科 Xanthidae

5（4）头胸甲方形或四边形，雄性生殖孔开口于腹甲或经由腹甲上的沟槽开口于底节……………………………………………………长脚蟹科 Goneplacidae

6（1）第 3 颚足腕节与长节的关节处，不位于长节的内末角或内末角附近。头胸甲一般为方形或近方形。雄性生殖孔位于腹甲上。

7（8）小型共生或寄生蟹类。眼与眼窝很小，身体或多或少呈圆形或横椭圆形……………………………………………………………豆蟹科 Pinnotheridae

8（7）自由生活的蟹类。头胸甲通常呈方形，眼不特别退化。

9（12）末对步足位于背部，较其余步足弱小。第 1 触角间的隔板很薄，无明显的口前板。第 3 颚足的外肢可见。

410（11）额小。雌性生殖孔位置正常。第 3 颚足略呈足状，不覆盖口腔……………………………………………………………………反羽蟹科 Retroplumidae

11（10）额中等宽。雌性生殖孔位于第 1 对步足间的腹甲上。第 3 颚足覆盖口腔的大部，长节很小……………………………………………扁蟹科 Palicidae

12（9）末对步足不位于背面，也不明显地小于其余步足。第 1 触角间隔板不是很薄。

13（16）第 3 颚足几乎或完全覆盖住口腔。额中等宽或很小。

14（15）头胸甲方形或长方形，很少有近圆形的。口腔正常，眼窝长而斜，几乎占据了头胸甲的前缘………………………………………沙蟹科 Ocypodidae

15（14）头胸甲球形，口腔特别大。第 3 颚足很宽，外肢很细，完全隐藏。无眼窝………………………………………………………和尚蟹科 Mictyridae

16（13）第 3 颚足之间或多或少具空隙，额中等宽或很宽。

17（18）头胸甲两侧很直或稍凸，略呈方形，额很宽，极少营真正的陆栖生活……………………………………………………………方蟹科 Grapsidae

18（17）头胸甲两侧缘十分拱曲，横卵圆形，额小，陆生……………………………………………………………………………地蟹科 Gecarcinidae

1. 梭子蟹科

梭子蟹科分亚科检索表

1（2）眼柄很长。头胸甲前侧缘锯齿少，只有 2 个……………………………………………………………………………长眼蟹亚科 Podophthalminae

2（1）眼柄不特别长。头胸甲前侧缘锯齿多，至少 4 个，极少数光滑无齿。

3（4）头胸甲很宽，前侧缘有 4～9 个锯齿。末一对步足趾节扁平…………………………………………………………………………梭子蟹亚科 Portuninae

4（3）头胸甲不是很宽，前侧缘有 4～5 个锯齿。末一对步足趾节扁平或针刺状。

5（8）步足比较粗而长，末一对趾节扁平。

6（7）头胸甲前侧缘有 4 或 5 个锯齿。第 2 触角节鞭位于眼眶内…………………………………………………………………………滨蟹亚科 Carcininae

7（6）头胸甲前侧缘有 5 个锯齿。第 2 触角节鞭位于眼眶内侧…………………………………………………………………………大蟾蟹亚科 Macropipinae

8（5）步足比较细而短，末一对步足趾节扁平或针刺状。

9（10）头胸甲前侧缘无或有 6 个以上锯齿。第 2 触角节鞭位于眼眶内…………………………………………………………………………镜蟹亚科 Catoptrinae

10（9）头胸甲前侧缘有 4～5 个锯齿。第 2 触角节鞭位于眼眶外…………………………………………………………………………尖趾蟹亚科 Caphyrinae

梭子蟹亚科分属检索表

1（8）第 2 触角基部一节的前外角不突出，节鞭位于眼眶内。

2（3）第 2 触角基部一节的末端无叶状物；节鞭长。头胸甲前侧缘有 9 个大小相间排列的锯齿；小齿也可能消失……………………………狼牙蟹属 *Lupocyclus*

3（2）第 2 触角基部一节的前外角有一小片叶状物；节鞭短。头胸甲前侧缘有 9 个大的锯齿。

4（5）头胸甲表面光滑，分区模糊。螯足掌部肿胀，光滑，不具锋锐的脊…………………………………………………………………………青蟹属 *Scylla*

5（4）头胸甲分区明显。螯足跗节呈棱柱状，有脊。

6（7）额齿尖而明显……………………………………………………梭子蟹属 *Portunus*

7（6）额齿钝而不明显…………………………………………………优游蟹属 *Callinectes*

8（1）第 2 触角基部一节的前外角明显扩大成一小片而充填眼眶。节鞭完全位于眼眶外。

9（10）左右眼眶之间额的宽度明显小于头胸甲的最大宽度。头胸甲前侧缘斜而呈圆弧状，有 6 个锯齿………………………………………………………蟳属 *Charybdis*

10（9）左右眼眶之间额的宽度大，不明显小于头胸甲的最大宽度。

11（12）头胸甲前缘不明显向后收削，有 5 个锯齿，第 4 个通常小或完全消失 ……………………………………………………………… 短桨蟹属 *Thalamita*

12（11）头胸甲前缘明显向后收削，有 3～4 个锯齿 ………………………………………………………………仿短桨蟹属 *Thalamitoides*

1）梭子蟹属

梭子蟹属分种检索表

1（2）螯足长节后末端具 1 刺。头胸甲上无红斑。螯足长节后末端无刺。头胸甲上具有 3 个近圆形的红斑 …………………红星梭子蟹 *Portunus sanguinolentus*

2（1）头胸甲不具圆斑。

3（4）头胸甲表面分布有较粗的颗粒及花白云纹。除内眼窝齿外，额有 4 齿，中央齿短而小，侧额齿较粗大 ……………………… 远海梭子蟹 *Portunus pelagicus*

4（3）头胸甲表面的颗粒较细，无花白云纹。头胸甲中央有 3 个疣状突起。除内眼窝齿外，额有 2 齿 …………………… 三疣梭子蟹 *Portunus trituberculatus*

5（8）后侧缘与后缘连接处钝圆。

6（7）第 2 腹节和螯足的掌节有很突出的隆脊，具虹彩。末对步足指节具有暗色斑点 ………………………………………… 银光梭子蟹 *Portunus argentatus*

7（6）第 2 腹节和螯足掌节的隆脊不显著突出，无虹彩。螯足长节的前缘具 4 刺，末对步足掌节和指节均无暗色斑点。后侧缘与后缘连接处钝圆 …………………………………………………………… 拥剑梭子蟹 *Portunus haanii*

8（5）头胸甲后侧缘与后缘成直角相交。头胸甲后缘具齿状突起 …………………………………………………………… 矛形梭子蟹 *Portunus hastatoides*

2）蟳属

蟳属分种检索表

1（2）第 2 触角鞭位于眼窝缝中 ………………… 双斑蟳 *Charybdis bimaculata*

2（1）第 2 触角鞭位于眼窝外。头胸甲的后缘与后侧缘连接处呈弧形钝曲。头胸甲的后缘直，与后侧缘连接处呈角状或耳状突出 …… 直额蟳 *Charybdis truncata*

3（7）心区上不具隆脊。

4（5）第 1 前侧齿多少呈截形。第 1 前侧齿不呈截形，额齿非常尖锐 ……………………………………………………………锐齿蟳 *Charybdis acuta*

5（6）螯足掌节上具有 5 刺 ………………………… 日本蟳 *Charybdis japonica*

6（5）螯足掌节上具有 4 刺。螯足的掌节较隆肿。头胸甲的表面具有显著的黄色色斑 ……………………………………………… 锈斑蟳 *Charybdis feriatus*

7（3）螯足的掌节不隆肿。头胸甲的表面无显著的黄色色斑。螯足掌节腹面鳞片状 ……………………………………………… 武士蟳 *Charybdis miles*

8（9）中鳃区上具隆脊。中央额齿与第 1 侧额齿突出超过第 2 侧额齿。雄性

腹部第 6 节两侧十分拱曲 ……………………………… 变态蟳 *Charybdis variegata*

9（8）中鳃区不具隆脊。中央额齿甚突出，第 1 侧额齿较低而宽，不超出第 2 侧额齿。雄性腹部第 6 节侧缘末部呈弧形 ………… 美人蟳 *Charybdis callianassa*

2．沙蟹科

沙蟹科分亚科检索表

1（2）额不很狭。头胸甲左右侧缘通常有齿。第 1 触角横折，触角隔膜很狭。口框不完全被第 3 颚足覆盖，左右间有宽的空隙。头胸甲呈四边形。两性螯足左右对称或略不对称。不存在与鳃室相通的呼吸孔，也不存在鼓膜。体较大 ………………………………………………………………… 大眼蟹亚科 Macrophthalminae

2（1）额很狭。头胸甲左右侧缘通常完整无齿。第 1 触角纵折，左右平行，触角隔膜宽。口框完全被第 3 颚足覆盖。

3（4）头胸甲方形或近于四边形，侧缘无齿或在外眼窝之后有齿。雄性螯足显著不对称或两性均不对称。第 3 与第 4 步足的基本之间存在一个与鳃室相通的呼吸孔 ………………………………………………… 沙蟹亚科 Ocypodinae

4（3）头胸甲近圆形或四边形。螯足对称或两性均不对称。第 3 与第 4 步足的基本之间大多无与鳃室相通的呼吸孔。步足的长节，甚至螯足的长节与头胸部腹甲上有鼓膜 ……………………………………… 股窗蟹亚科 Scopimerinae

沙蟹亚科分属检索表

1（2）头胸甲前部并不很宽。第 1 触角鞭退化，完全藏于额下。眼柄粗，眼膨大，位于眼柄腹面。第 1 触角节鞭退化，雌雄两性螯足左右很不对称…… 沙蟹属 *Ocypode*

2（1）头胸甲前部很宽。第 1 触角鞭小，不藏于额下。眼柄细长，角膜小，位于末端。雄性两螯左右不对称，雌性两螯左右对称………………… 招潮属 *Uca*

招潮属分种检索表

1（2）额窄。大螯掌部外侧面密具疣突。外眼窝角较为向前突出或向外前方突出。雄性大螯可动指约为掌长的 1.3 倍或 2 倍以上。

2（1）额稍宽。大螯掌部外侧面光滑，无颗粒。外眼窝角斜指向外方。雄性大螯可动指约为掌长的 1.8 倍。两指宽扁，内缘具颗粒状齿，有时中部各具 1 突出齿 ………………………………………………………… 清白招潮 *Uca lactea*

3（4）外眼窝角较为向前突出。雄性大螯可动指约为掌长的 1.3 倍 ………… ………………………………………………………… 弧边招潮 *Uca arcuata*

4（3）外眼窝角尖锐地向外前方突出。雄性大螯可动指为掌长的 2 倍以上，雌性两螯有 1 对大齿 ……………………………………… 屠氏招潮 *Uca dussumieri*

三、实验材料和用具

1．实验用具　光学显微镜，解剖镜，解剖刀，镊子，放大镜，培养皿，载玻片，解剖盘等。

2．**实验材料**　　各种蟹的新鲜或浸制标本。

四、方法与步骤

取待分类蟹，首先查询科的分类特征，确定其属于哪个科，然后检索科条目下所属的属，再确定属于哪个种。

五、结果与报告

编制所观察实验蟹的分类检索表。

六、思考题

1．进行蟹类动物分类有什么意义？

2．蟹类分类的依据都有哪些？

第三部分　常见甲壳动物的发育过程观察

实验十二　桡足类发育过程观察

一、目的及要求

通过实验了解桡足类（copepod）发育过程中无节幼体、桡足幼体的分期和形态变化的主要特征。

二、实验原理

桡足类的一生从受精卵开始孵化，经历无节幼体（图 12-1）、桡足幼体（图 12-2）和成体阶段（图 12-3）。

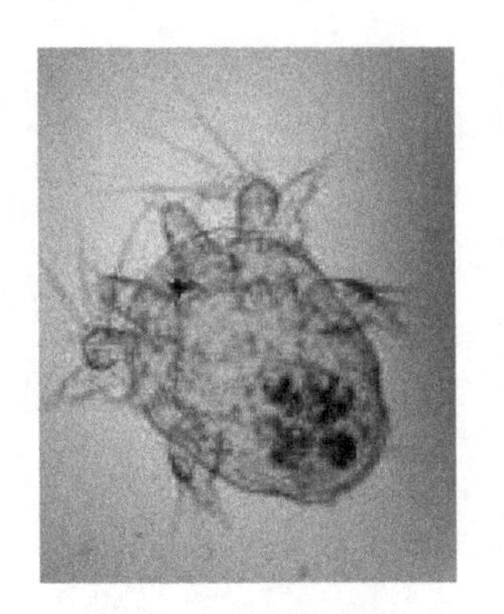

图 12-1　无节幼体

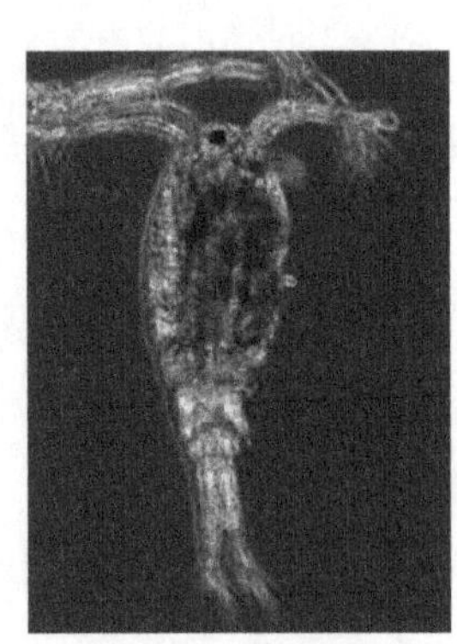

图 12-2　桡足幼体

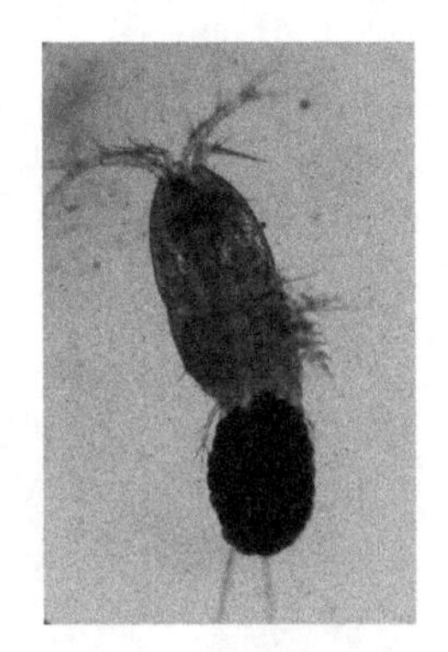

图 12-3　成体

（彭瑞冰提供）

无节幼体（nauplius stage，用 N 表示）：一般分为 6 期（N_1～N_6），N_1 呈卵圆形，具有 3 对附肢和 1 个单眼。无节幼体通过 5～6 次蜕皮，随着身体的伸长及第 1 触角、第 2 触角、大颚外肢刚毛数的增多发育到桡足幼体。一般，前 3 期以卵黄为生，第 4 期以后，肛门开口，开始摄食，无节幼体各期的形态变化见表 12-1。

桡足幼体（copepodite stage，用 C 表示）：一般可分为 5 期（C_1～C_5），桡足幼体第 1 期开始身体分节，可分为头胸部和腹部，桡足幼体各期的主要区别是身体伸长，胸节数、腹节数、胸足数增多（表 12-2）。桡足幼体基本上具备了成体的外形特征，所不同的是，身体较小，体节和胸足数较少，第 6 期为成体期，只是性未成熟。到了 C_5，基本上已可以区别雌雄了。

表 12-1　飞马哲水蚤无节幼体各期的形态变化（郑重等，1992）

指标	无节幼体分期					
	N_1	N_2	N_3	N_4	N_5	N_6
体长/mm	0.21	0.27	0.42	0.48	0.50	0.60
第 1 触角刚毛数/根	6	7	10	14	17	20
第 2 触角刚毛数/根	6	7	9	10	11	12
大颚外肢刚毛数/根	5	6	6	6	6	6

表 12-2　飞马哲水蚤桡足幼体各期的形态变化（郑重等，1992）

指标	桡足幼体分期				
	C_1	C_2	C_3	C_4	C_5
胸节数/节	4	5	5	5	5
腹节数/节	1	1	2	3	4
胸足数/对	2	3	4	5	5

三、实验材料和用具

1. **实验用具**　解剖镜，凹玻片，解剖针，粗口胶头滴管等。
2. **实验材料**　活体或固定无节幼体、桡足幼体、成体，鲁氏碘液。

四、方法与步骤

（1）取样：用粗口胶头滴管吸取各期无节幼体、桡足幼体，置凹玻片上 1 滴。

（2）镜检：将凹玻片放在解剖镜载物台上，先在 1 倍物镜下观察，将画面调整清楚后再转至 4 倍镜下，观察各期幼体的形态。

（3）幼体鉴别：用粗口胶头滴管吸取活体混合的桡足类幼体，在凹玻片上滴 1 滴，在 4 倍和 10 倍的物镜下观察各期幼体的形态。根据是否分节先判别无节幼体和桡足幼体，如果不分节，就用解剖针针尖轻拨计数第 1、2 触角刚毛数和大颚外肢刚毛数，进行无节幼体分期；如果分节，就用解剖针针尖轻拨计数胸节数、腹节数、胸足数，进行桡足幼体分期。

五、结果与报告

1. 根据实验观察结果绘制桡足类各期幼体的生物图（任选 1 个发育期）。
2. 根据显微观察结果拍摄桡足类各期幼体形态照片。

六、思考题

1. 如何快速进行不同发育阶段桡足类幼体分期？

2. 大多数桡足类的成体、无节幼体、桡足幼体的大小为多少？

实验十三　枝角类胚胎及幼体发育过程观察

一、目的及要求

通过观察多刺裸腹溞的受精卵、卵裂期、囊胚期、原肠期、前无节幼体期、后无节幼体期、复眼色素形成期、孵化准备期不同胚胎发育时期和幼体时期的外形，掌握枝角类从受精卵到幼体的一系列发育过程中形态结构的变化及构成特点。

二、实验原理

枝角类动物在环境条件适宜时行孤雌生殖，多刺裸腹溞自卵排入孵育囊起计时，在水温 25℃左右，多刺裸腹溞胚胎平均发育时间为 34～35h。多刺裸腹溞胚胎及不同发育时期幼体的特征如图 13-1 所示。

三、实验材料和用具

1. **实验用具**　体视显微镜，光学显微镜，眼科剪，培养皿，凹玻片，滴管，细毛笔，滤纸等。

2. **实验材料**　受精卵、卵裂期、囊胚期、原肠期、前无节幼体期、后无节幼体期、复眼色素形成期、孵化准备期和幼体的浸制标本。

四、方法与步骤

多刺裸腹溞胚胎及幼体外部形态观察如下。

1. **受精卵**　用滴管取 1 枚受精卵于凹玻片中，置光学显微镜下，用细毛笔拨动卵以便观察（以下观察同此）。受精卵为椭圆形或圆形，卵表面光滑，外被有弹性的膜。细胞核大，核物质均匀分散在细胞核之中，卵内充满卵黄颗粒。光镜下卵内区域较暗，不透明（图 13-1：1）。

2. **卵裂期**　自卵排入孵育囊后约 0.5h 后，卵裂开始，卵裂方式为完全卵裂，开始卵黄在卵子中央呈“丨”形分布，胚胎从中间进行二分裂。随着卵黄分布继续变化，卵黄呈“十”字形分布后，卵即沿卵黄的分布方向进行四分裂。卵黄颗粒变大，集中分布在分裂沟附近，分裂沟明显。卵裂期持续约 2h（图 13-1：2）。

3. **囊胚期**　排卵约 2h 后，胚胎经过 8 次卵裂逐渐形成囊胚。此时整个胚胎边缘一圈较亮，中央集中卵黄物质，颜色较深（图 13-1：3）。囊胚层细胞多且小，大小均匀，包被于卵黄外。囊胚腔全被卵黄颗粒填充。

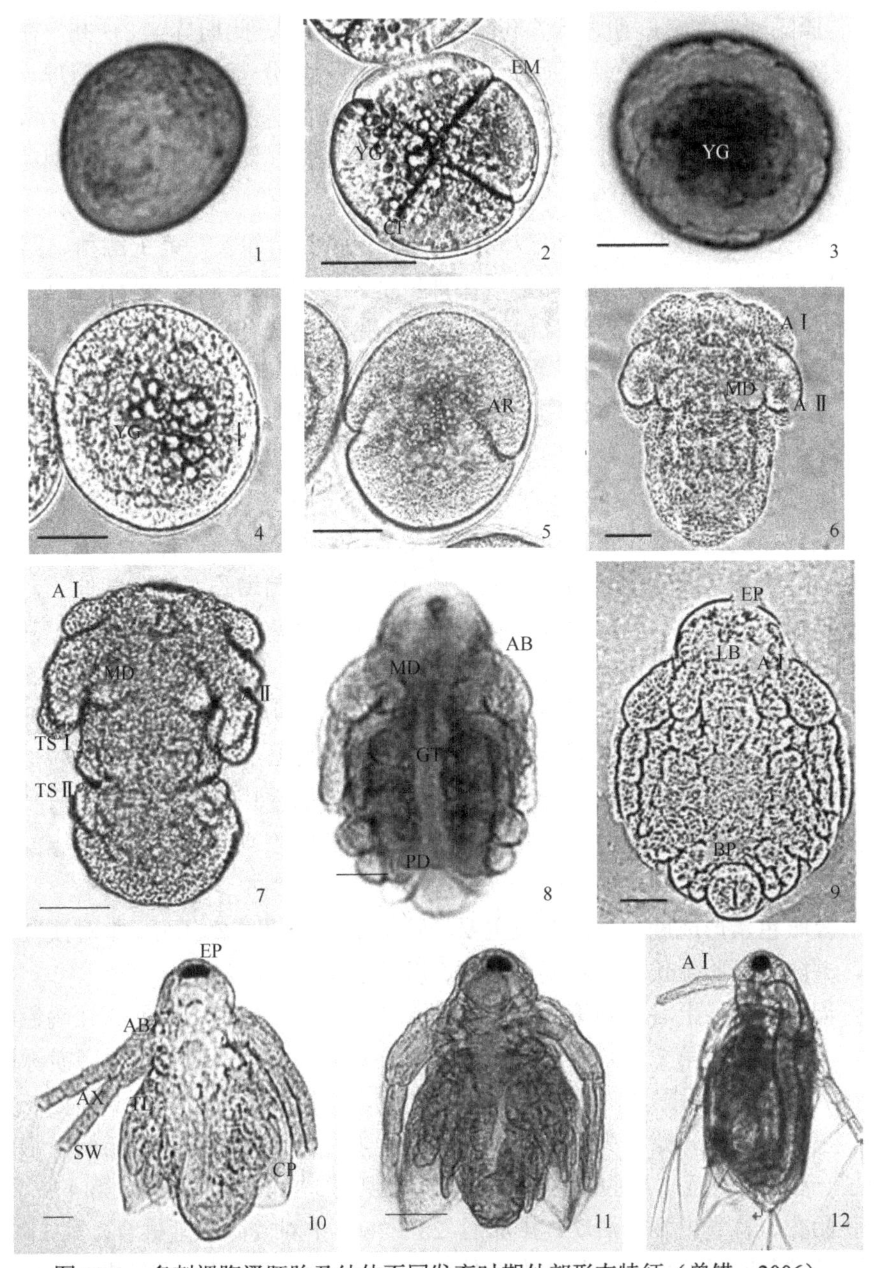

图 13-1　多刺裸腹溞胚胎及幼体不同发育时期外部形态特征（曾错，2006）

1. 未分裂的夏卵（undivided summer egg）；2. 卵裂期胚胎（embryo in cleavage stage）；3. 囊胚期胚胎（embryo in blastula stage）；4. 原肠期胚胎（embryo in gastrula stage）；5，6. 前无节幼体期胚胎（embryo in nauplius stage）；7，8. 后无节幼体期胚胎（embryo in metanauplius stage）；9，10. 复眼色素形成期（embryo with well formed eye pigment）；11. 孵化准备期（embryo in prepare-hatching stage）；12. 1 龄雄幼溞（male larva in first age）。AB. 第 2 触角基节；AR. 触角原基；AX.第 2 触角外肢；AⅠ. 第 1 触角；AⅡ. 第 2 触角；BP. 孵育囊；CF. 卵裂沟；CP. 壳瓣；EM. 胚膜；EP. 眼色素；GT. 肠；LB. 上唇；MD. 大颚；PD. 后腹部；SW. 第 2 触角游泳刚毛；TSⅠ. 第 1 胸节；TSⅡ. 第 2 胸节；TL. 胸肢；YG. 卵黄颗粒

4. 原肠期　囊胚期之后，胚胎发育进入原肠期，此期持续 8～9h。在排卵 3h 后，胚胎仍为圆球形，外圈明显透明，此时已无法分辨出单个的分裂球。之后外观上变化不大，只是从不同角度观察到胚胎外圈的透明区域开始加厚，即中胚层和内胚层开始发育，这标志着胚胎开始进入原肠期（图 13-1：4）。此期动物极细胞和植物极细胞的变化需结合胚胎的切片观察。

5. 前无节幼体期　此期发育约需 2h，包括胚胎伸长，第 1 触角、第 2 触角及大颚原基成形，胚胎的前端形成头部原基。排卵后约 11h，胚胎外包 1 层明显的卵膜，胚胎中部仍可见卵黄颗粒，此时胚胎两侧开始出现凹陷（图 13-1：5）。随着裂纹的延伸，第 2 触角原基形成，继而胚胎开始伸长，整个胚胎呈“T”字形。之后，上唇和大颚原基出现，头部开始分化，胚胎前部分化出明显的头部原基，第 1 触角原基出现，第 2 触角分化明显（图 13-1：6）。

6. 后无节幼体期　此期从胚胎分化出胸节至 5 对胸节完全成形，发育时间最长。头部在此期形成，出现第 1 小颚和第 2 小颚原基，后腹部已形成。

排卵后 13h，大颚明显增大，第 1 触角、第 2 触角增长。胸腹部伸长，胸部边缘出现微小的凹陷，胚胎的第 1 胸节、第 2 胸节分化形成，胸节的后部开始延长，在胚胎背部出现壳瓣的雏形（图 13-1：7）。之后，胚胎第 4 胸节、第 5 胸节逐渐出现，后腹部开始形成。排卵后 19～20h，胚胎头部明显分化，更加突出，呈半圆形。第 1 触角、第 2 触角加长，伸到腹侧，肢节分化更明显。壳瓣沿着背部表面向后部伸展并盖住第 1 对胸肢。此期最主要的变化是胸部的胸肢原基逐渐分化成结构复杂的 5 对胸肢。后腹部继续加长，向腹侧弯曲，外观上胸腹部变得饱满（图 13-1：8）。

7. 复眼色素形成期　此期最主要的特征是在头部眼囊出现了 1 对淡红色的复眼，并随着胚胎生长，这对复眼变大、颜色变深且逐渐靠近。

排卵后 21h，上唇达到第 2 小颚，在头部眼囊里出现两个小的、红褐色的眼色素。第 1 触角、第 2 触角明显增长，肢节分化明显，分叉肢节上出现游泳刚毛（图 13-1：9）。之后眼囊的两个眼点开始变大、靠近，变成红褐色至黑色。大颚明显，但第 2 小颚开始消失。胸肢发育很快，内、外肢分化为片状结构，胸肢上出现了一些游泳刚毛。后腹部伸长很快，向腹侧弯曲。壳瓣已覆盖至第 4 胸节处。此期胚胎在孵育囊内开始活动。排卵后 25～26h，1 对复眼逐渐融合，第 1 触角、第 2 触角肢节明显分化，胸肢的内、外肢等都已形成。此期胚胎有节律的活动更为剧烈，后腹部等也开始活动（图 13-1：10）。

8. 孵化准备期　此期胚胎的外部形态基本与幼体相同。排卵后 29～31h，胚胎快速增大，眼点完全愈合，形成 1 个大而黑色的单眼。卵黄和脂肪颗粒基本消失，胚胎变得更透明。2 对触角、胸肢、壳瓣等结构已发育成熟，内部的肠道、生殖腺等已形成。胚胎在孵育囊内有节律地活动。此时胚胎已基本发育完全，排卵后 32～34h，胚胎从孵育囊里释放出来，离开母体进入第 1 幼龄期（图 13-1：11）。

9．**1 龄幼溞**　雄性幼溞体长约 0.63mm，除第 1 触角较长外，身体其他部分的形态与雌体相似。其身体呈椭圆形且背腹两缘较平直。头部较宽，椭圆形。第 1 触角略向下弯折，触角上缘在中部左右的位置出现弯折，下缘线条平直，靠近嗅毛的一半较细，另一半相对较粗且粗细均匀（图 13-1：12）。

五、结果与报告

根据实验观察结果绘制多刺裸腹溞从胚胎发育至幼体发育的图谱（任选 4 个发育过程）。

六、思考题

1．根据实验观察结果，说明多刺裸腹溞胚胎第 1 触角、第 2 触角、大颚、小颚和胸肢是如何形成的。

2．多刺裸腹溞的复眼是何时形成及变化的？

3．试述多刺裸腹溞从受精卵到孵化准备期各阶段外部形态的主要特征。

实验十四　虾蛄幼体发育过程观察

一、目的及要求

通过实验观察，了解虾蛄发育过程中幼体的分期和形态变化的主要特征。

二、实验原理

虾蛄从产卵开始需要经历受精卵、卵裂期、囊胚期、原肠期、膜内无节幼体期、膜内溞状幼体期、伪溞状幼体期（Z_1～Z_{11}）、稚虾蛄期（P）等。刚孵化出膜的幼体称第 I 期伪溞状幼体（Z_1），营浮游生活，第一次蜕皮后为第 II 期伪溞状幼体（Z_2），依次类推，共有 11 期伪溞状幼体期，伪溞状幼体各期幼体形态特征见图 14-1，后变成稚虾蛄，生活方式从浮游改为底栖。黑斑口虾蛄（*Oratosquilla kempi*）幼体与口虾蛄（*O. oratoria*）幼体的形态有一定的区别，主要在头胸甲长和第 2 触角鳞片刚毛数量性状上存在差异，见表 14-1。

三、实验材料和用具

1．**实验用具**　解剖镜或光学显微镜，凹玻片，解剖针，粗口胶头滴管等。

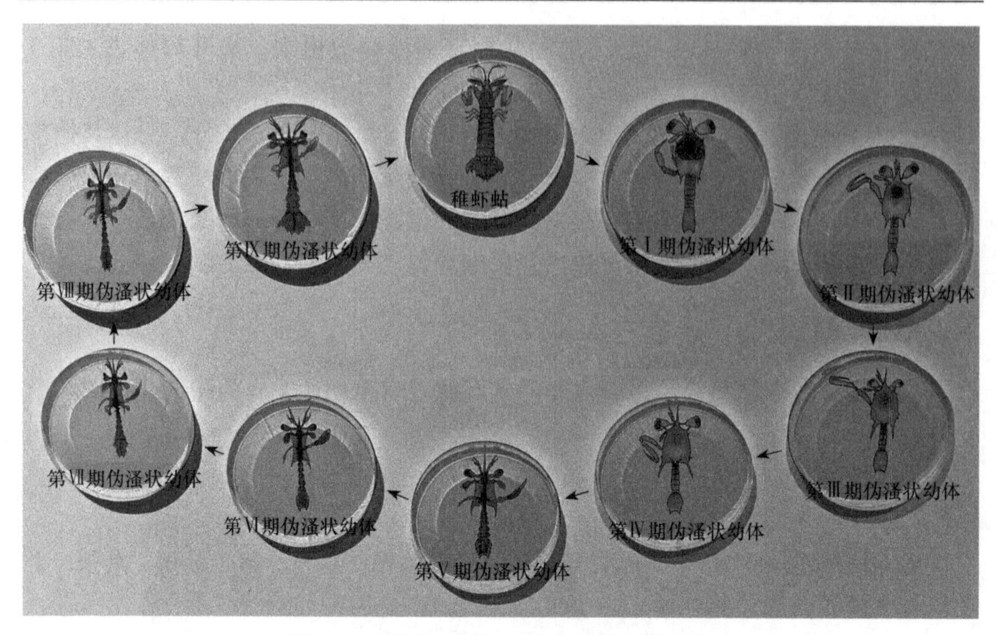

图 14-1　黑斑口虾蛄各期伪溞状幼体形态

表 14-1　黑斑口虾蛄与口虾蛄伪溞状幼体发育形态的区别

幼体发育期	历时/d		平均头胸甲长/mm		第 2 触角鳞片刚毛数/根	
	黑斑口虾蛄 *O. kempi*	口虾蛄 *O. oratoria*	黑斑口虾蛄 *O. kempi*	口虾蛄 *O. oratoria*	黑斑口虾蛄 *O. kempi*	口虾蛄 *O. oratoria*
Z_1	0～1	0～1	0.81	0.51	7	7
Z_2	1～2	1～2	0.92	0.63	7～8	8
Z_3	3～4	3～7	1.18	0.92	9	9
Z_4	5～8	7～13	1.29	1.25	9～10	9
Z_5	8～11	10～14	1.82	1.97	11～14	11
Z_6	11～13	14～15	2.59	2.94	15～18	14～17
Z_7	13～15	18～32	3.31	3.71	19～23	20～24
Z_8	15～18	22～37	4.13	4.63	27～32	30～34
Z_9	18～21	26～41	4.62	5.85	36～42	38～41
Z_{10}	21～25	29～44	5.36	7.02	43～48	46～55
Z_{11}	24～27	32～51	6.52	8.13	49～60	60～68
P	27～34	36～59	3.42	3.55	61～69	70～84

2. **实验材料**　虾蛄各期伪溞状幼体，鲁氏碘液。

四、方法与步骤

（1）取样：用粗口胶头滴管吸取各期幼体，滴 1 滴于凹玻片上。

（2）镜检：将凹玻片放在解剖镜载物台上，先在 1 倍物镜下观察，将画面调整清楚后再转至 4 倍镜下，观察各期幼体的形态。

（3）幼体鉴别：用粗口胶头滴管吸取活体混合的幼体，在凹玻片上滴 1 滴，在 4 倍和 10 倍的物镜下观察各期幼体的形态。用解剖针针尖轻拨计数第 2 触角鳞片刚毛数，测量头胸甲长，根据平均头胸甲长、第 2 触角鳞片刚毛数等进行幼体分期。

五、结果与报告

1. 根据实验观察结果绘制虾蛄幼体发育的生物图（任选 1 个发育期）。
2. 根据显微观察结果拍摄各期伪溞状幼体形态照片。

六、思考题

1. 虾蛄从受精卵至稚虾蛄要经历哪些时期？
2. 根据实验观察结果，说明伪溞状幼体第 2 触角鳞片刚毛是如何形成的？

实验十五　凡纳滨对虾胚胎及幼体发育过程观察

一、目的及要求

通过对凡纳滨对虾（*Litopenaeus vannamei*）胚胎及幼体发育各个时期的观察，了解对虾早期胚胎和幼体发育的一般过程。

二、实验原理

凡纳滨对虾胚胎发育分 6 期，幼体发育分无节幼体、溞状幼体、糠虾幼体及后期幼体 4 个阶段，一般需蜕皮 6 次。每次蜕皮前后形态上都会发生一定的变化，因此，根据形态的变化可以进行发育分期判断。

三、实验材料和用具

1. **实验用具**　解剖镜，光学显微镜，解剖工具，放大镜，培养皿，载玻片，解剖盘等。

2. **实验材料**　凡纳滨对虾胚胎发育各个时期的活体或装片标本，凡纳滨对虾幼体发育各个时期的活体或浸制标本。

四、方法与步骤

（一）凡纳滨对虾的胚胎发育（图 15-1）

凡纳滨对虾受精卵的直径为 0.28mm。胚胎发育分 6 期，即细胞分裂期、桑葚期、囊胚期、原肠期、肢芽期、膜内无节幼体期。

实验结果表明：在水温 29.8℃、盐度 28‰的条件下，整个胚胎发育过程需要 12h 左右。不同水温和盐度对受精卵孵化出膜的时间和受精率有显著影响。试验水温从 29.5℃下降到 26.8℃，孵化时间即从 11.3h 增加到 15h，最适孵化水温为 28～30℃；最适盐度为 27.93‰～33.01‰，盐度降低至 22‰或升高至 38‰，受精卵都不能正常发育。

（二）凡纳滨对虾的幼体发育（图 15-1）

凡纳滨对虾幼体发育阶段由无节幼体 6 期、溞状幼体 3 期、糠虾幼体 3 期及后期幼体组成。

1．无节幼体（N_1～N_6）

1）第Ⅰ期无节幼体　幼体梨形，不分节，背部表面圆滑，腹部前面边缘出现单眼，尾部呈圆形，有 1 对尾刺。

所有无节幼体阶段，幼体均呈白色、透明，出现 3 对附肢，第 1 对是触角，第 2 对触角末端与大颚是叉形，即包括内肢与外肢两部分。附肢上的刚毛，第 1 对触角 6 根刚毛；第 2 对触角内肢 4 根刚毛，外肢 5 根刚毛；大颚内肢 3 根刚毛，外肢 3 根刚毛。

2）第Ⅱ期无节幼体　体形除后部稍短和有一对简单的触角外，基本上与第Ⅰ期无节幼体大致相似。附肢上的刚毛，第 1 对触角 6 根刚毛；第 2 对触角内肢 5 根刚毛，外肢 6 根刚毛；大颚内肢 3 根刚毛，外肢 3 根刚毛。

3）第Ⅲ期无节幼体　体较第Ⅱ期无节幼体延长，在腹部附肢上从后面到上唇出现 1 个小的缺刻，尾部稍微鼓起，出现 3 对尾棘。附肢上的刚毛，第 1 对触角 6 根刚毛；第 2 对触角内肢 5 根刚毛，外肢 7 根刚毛；大颚内肢 3 根刚毛，外肢 3 根刚毛。

4）第Ⅳ期无节幼体　体更长，胸部附肢（第 1、2 小颚，第 1、2 大颚）逐渐清楚，但依然为外皮所遮盖。尾部叉形，每一个分叉有 4 根尾刺。附肢上的刚毛，第 1 对触角 6 根刚毛；第 2 对触角内肢 5 根刚毛，外肢 8 根刚毛；大颚内肢 3 根刚毛，外肢 3 根刚毛。

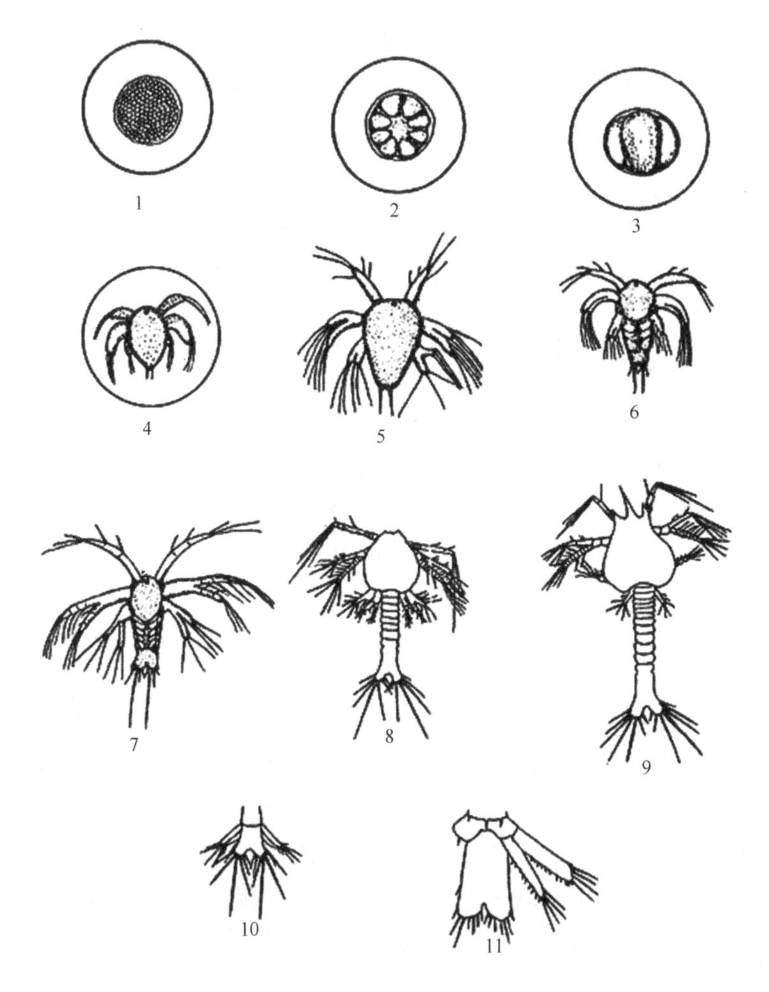

图 15-1　凡纳滨对虾的胚胎及幼体发育过程

1～4．胚胎发育；5．第Ⅰ期无节幼体；6．第Ⅱ期无节幼体；7．第Ⅲ期无节幼体；8．第Ⅰ期溞状幼体；9．第Ⅱ期溞状幼体；10．第Ⅲ期溞状幼体的尾节；11．第Ⅰ期糠虾幼体的尾节。1～7 引自 Subrahmanyam，1965；8～11 引自 Menon，1937

5）第Ⅴ期无节幼体　　体变得更长，小颚和大颚露在外面，显示出进一步发育，可以看到体背面的背甲，尾部的分叉呈圆形，尾刺 5 对。附肢上的刚毛，第 1 对触角 7 根刚毛；第 2 对触角内肢 6 根刚毛，外肢 8 根刚毛；大颚内肢 3 根刚毛，外肢 3 根刚毛。

6）第Ⅵ期无节幼体　　体进一步变长，小颚和大颚发育完全，背甲进一步发育，尾部分叉更显著，每一分支有 7 根尾刺。附肢上的刚毛，第 1 对触角 7 根刚毛；第 2 对触角内肢 6 根刚毛，外肢 9 根刚毛；大颚内肢 3 根刚毛，外肢 3 根刚毛。

判断无节幼体各期，一般是在光学显微镜下观察无节幼体尾端的刚毛。第Ⅰ期和第Ⅱ期都是1根刚毛，第Ⅲ期3根，第Ⅳ期4根，第Ⅴ期6根，第Ⅵ期7根。若腹部已向后延伸，可用肉眼观察，一般是无节幼体第Ⅴ期和第Ⅵ期。

2．溞状幼体（Z_1～Z_3）

1）第Ⅰ期溞状幼体　溞状幼体分头、胸、腹3部分。有一个大而模糊的背甲覆盖着躯体的前部。背甲圆形，前面中央有1个缺刻，在背甲覆盖下，里面有1对复眼，胸部由6节组成。大颚的内肢消失并成为咀嚼器官。尾刺仍然保留7对，体无色，几乎透明，可以看到后部至上唇的消化道。

2）第Ⅱ期溞状幼体　本期的明显特征是复眼出现了眼柄，额角上出现1对叉形眼窝刺，背甲已覆盖到胸部，但还没完全遮盖，第3对小颚和第5对胸肢出现。腹部分为6节，尾叉没有和第6腹节分离，尾刺仍然保持7对。

3)第Ⅲ期溞状幼体　与前一期的主要区别是在腹节上有刺和出现分叉的附肢。腹部分为6节，尾节与第6腹节不同，前5节的每一节，在后部边缘有1根背刺。

3．糠虾幼体（M_1～M_3）　溞状幼体经3～4d，蜕皮3次，就成为糠虾幼体。

1）第Ⅰ期糠虾幼体　头胸愈合在一起，背甲大过溞状幼体阶段，且与胸部紧密结合，额角向前伸出，眼窝刺缩小，第1触角由3节组成，第2触角扁平不分节，外肢像叶片，内肢不分节。5对胸足进一步扩大，并分为内、外肢两部分。第3对胸足的内肢变为钳螯，外肢像长刷子形状。第2腹节上的背刺消失，而第3～5腹节的背刺仍然突出。在第5腹节上可以看到腹面上的腹足，腹部附肢已发展为一个无节的原肢，上面有1根大的后腹刺和较小的侧刺。尾节末端的凹槽几乎消失。

2)第Ⅱ期糠虾幼体　这一期可以通过腹足与触角叶片上的刺将第Ⅰ期糠虾幼体与第Ⅱ期糠虾幼体区别开。背甲完全覆盖胸部。由背甲覆盖的这部分称头胸部，第1对触角、第2对触角和第Ⅰ期糠虾幼体一样，胸足变螯足，腹部有不分节的腹足。尾部末端凹槽与第Ⅰ期糠虾幼体一样，尾刺7对。

3）第Ⅲ期糠虾幼体　本期腹足由2节组成，额角上出现背刺，第1对触角分成2肢。腹足有2节，末端有若干纤毛，尾部几乎缩短。

4．后期幼体（仔虾 P_1～P_{10}）　背甲像第Ⅲ期糠虾幼体一样。额角上除了眼端边缘，还有1根刺并略为伸出。第1对触角像第Ⅲ期糠虾幼体一样分成2肢，腹足全部发育完成，并成为主要的游泳器官。尾部和第Ⅲ期糠虾幼体一样。

糠虾幼体经3次蜕皮后，即进入仔虾第Ⅰ期（P_1），此时体长约0.5cm，其外形与成虾相似。P_1以后，依其生长日数而成为P_2、P_3、P_4等。P_5后开始进入底栖或倚壁生活，腹足成为主要的游泳器官。喜欢附着于池壁或池底。一般养至 P_5～P_8 的仔虾已不畏强光，此时可移入室外水泥池养殖。

五、结果与报告

结合观察结果，绘制凡纳滨对虾幼体不同发育阶段的外形图。

六、思考题

如何区分凡纳滨对虾无节幼体各分期。

实验十六　罗氏沼虾幼体发育过程观察

一、目的及要求

了解罗氏沼虾幼体不同发育阶段的形态特征，学会罗氏沼虾幼体不同阶段分期。

二、实验原理

罗氏沼虾幼体发育需经过多次蜕皮，每次蜕皮均伴随形态及附肢特征的改变。溞状幼体蜕皮 11 次后变态发育为仔虾，其头胸甲、腹节和尾节上的特征差异可作为幼体分期的依据，参考李增崇和高体佑（1981）进行分期。

三、实验材料和用具

1．**实验用具**　光学显微镜，解剖镜，放大镜，解剖盘，巴氏吸管，解剖工具等。

2．**实验材料**　不同发育阶段罗氏沼虾溞状幼体活体或浸制标本。

四、方法与步骤

取附肢完整、处于不同发育阶段的罗氏沼虾溞状幼体样本，在光学显微镜下观察其形态。

第Ⅰ期溞状幼体（图 16-1）：平均体长 1.73mm，复眼无眼柄，额角无背刺，第 1 触角外鞭具 3 根感觉毛和 1 根短刚毛，第 2 触角为内肢，鞭状，不分节，步足 3 对，尾节与第 6 腹节无分界，尾扇无内、外肢，边缘有 6 对刚毛。营浮游生活，以自身卵黄为营养，有明显的集群和趋光现象。游泳姿势为倒游，即向尾部方向浮游。

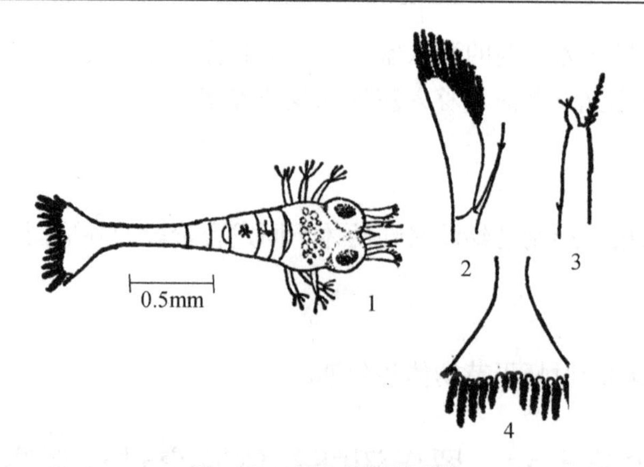

图 16-1　第 I 期溞状幼体

1. 幼体外形；2. 大触角；3. 小触角；4. 尾节

第Ⅱ期溞状幼体（图 16-2）：平均体长 1.87mm，复眼出现眼柄，无额角背刺，具有眼上刺，步足 5 对，第 5 腹节甲壳末端两侧各具一尖刺。自身卵黄物质大减，开始摄食丰年虫无节幼体等食物。游泳姿势为倒游，即向尾部方向浮游。

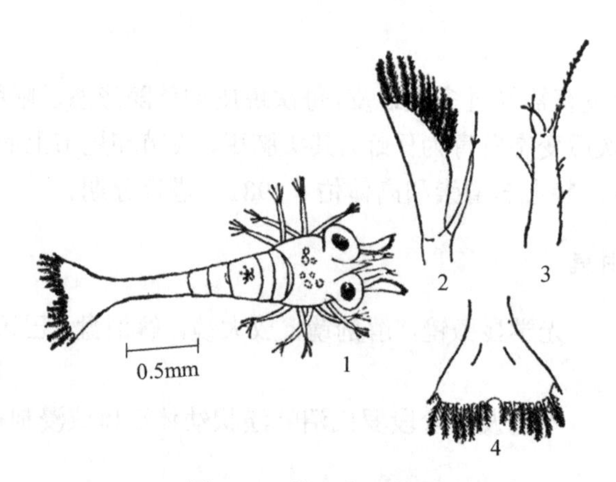

图 16-2　第Ⅱ期溞状幼体

1. 幼体外形；2. 大触角；3. 小触角；4. 尾节

第Ⅲ期溞状幼体（图 16-3）：平均体长 2.18mm，具有 1 个额角背刺，触角鞭分节，第 1 触角顶端外鞭具 3 根羽状刚毛，第 2 触角鞭分 3 节，尾节与第 6 腹节之间有分界，尾节外肢有 6 根刚毛，内肢出现 2～4 根刚毛。卵黄消失，摄食能力显著增强。游泳姿势依然为倒游。

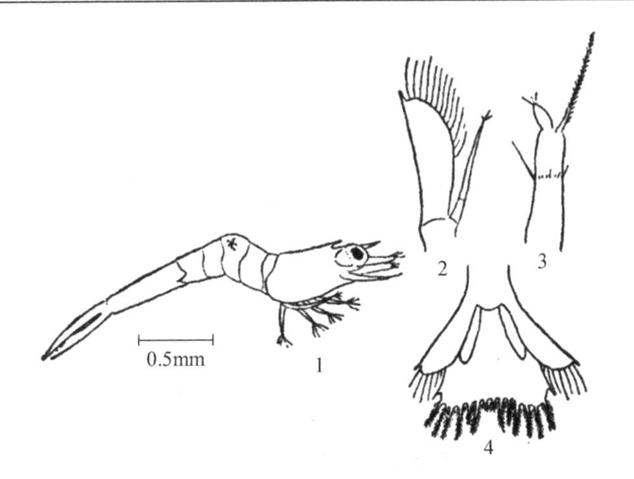

图 16-3　第Ⅲ期溞状幼体

1. 幼体外形；2. 大触角；3. 小触角；4. 尾节

第Ⅳ期溞状幼体（图 16-4）：平均体长 2.58mm，额角背刺 2 个，第 1 触角外侧具 2 根刚毛，第 2 触角鞭分 3～4 节，步足末端有 4～6 根刚毛，尾节两侧具侧刺 1 对，尾节内、外肢都有刚毛 6 对。集群和趋光现象有所减弱。游泳姿势依然为倒游。

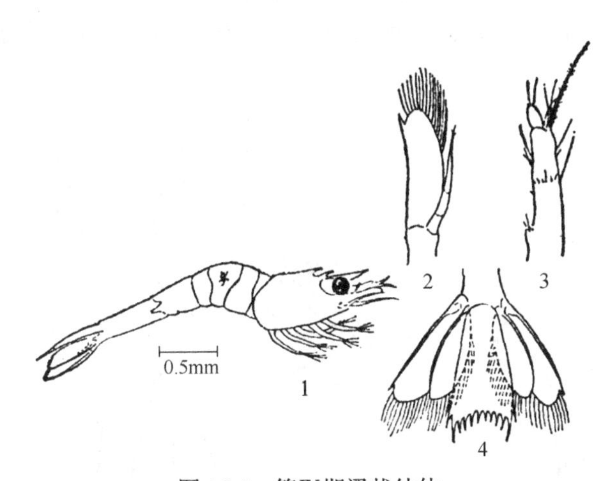

图 16-4　第Ⅳ期溞状幼体

1. 幼体外形；2. 大触角；3. 小触角；4. 尾节

第Ⅴ期溞状幼体（图 16-5）：平均体长 2.87mm，额角背刺 2 个，第 1 触角顶端具内、外鞭，内鞭呈棒状，末端有 1 根刚毛；第 2 触角鞭分 4～6 节；内侧有 19～20 根羽状刚毛；步足末端有 4 根刚毛，尾扇外肢有 18 根羽状刚毛，内肢有 10 根羽状刚毛。尾节末端有 3 对侧刺，刚毛 5 对。食量增多，除摄食丰年虫无节幼体外，还喜食鱼肉碎片和鸡蛋羹等食物。游泳姿势依然为倒游。

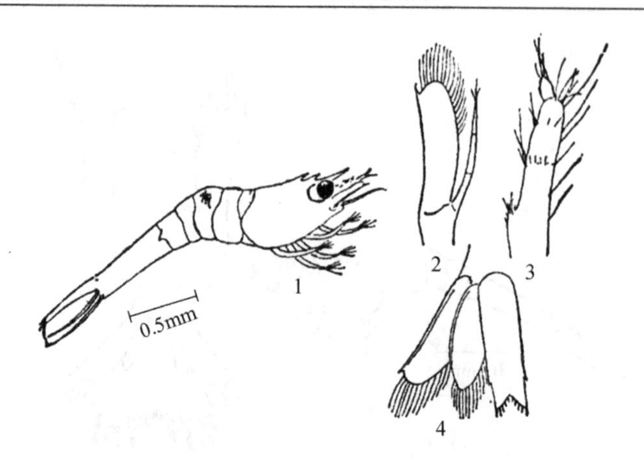

图 16-5　第Ⅴ期溞状幼体

1．幼体外形；2．大触角；3．小触角；4．尾节

第Ⅵ期溞状幼体（图 16-6）：平均体长 3.88mm，额角背刺 2 个，腹肢雏芽出现，尾节侧刺 2 对，第 2 触角鞭 5～6 节，触角片外缘末端有一硬棘；内侧有 20～21 根羽状刚毛。出现腹足萌芽，内、外肢尚未分化。步足末端有刚毛 6 根。尾扇外肢和内肢分别有 15～18 根、12～16 根羽状刚毛。尾节具侧刺 3 对，末端刚毛 5 对。摄食量大增，存在饵料丰富区域聚集现象，也有少量分散浮游。游泳姿势依然为倒游。

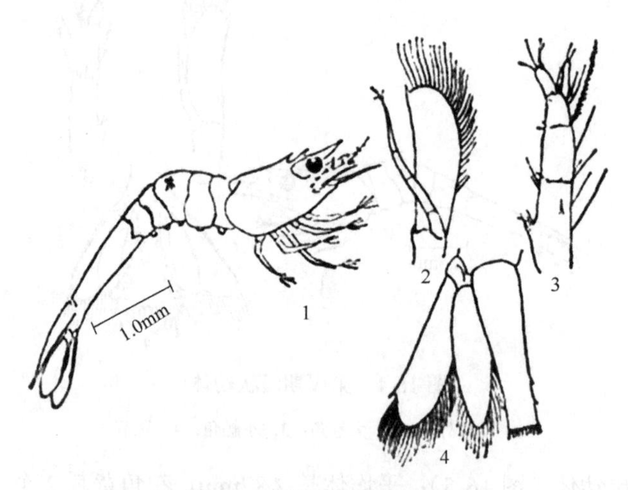

图 16-6　第Ⅵ期溞状幼体

1．幼体外形；2．大触角；3．小触角；4．尾节

第Ⅶ期溞状幼体（图 16-7）：平均体长 4.29mm，额角背刺 2 个，第 1 触角顶端具外鞭和内鞭，外鞭和内鞭分支均未分节，外鞭上有 4 根感觉毛，3 长 1 短，内鞭呈棒状，末端有 1 根刚毛。触角鞭分为 7 节，触角片内侧有 27 根羽状刚毛。

步足末端刚毛 10～12 根。腹足 5 对，双肢型，无内附肢，内肢无刚毛，外肢偶有 1～2 根刚毛；尾扇外肢和内肢分别有 25 根和 24 根羽状刚毛，尾节具侧刺 3 对，尾节末端刚毛 5 对。与前期基本相似，但个体差异不如前期变化明显。游泳姿势依然为倒游。

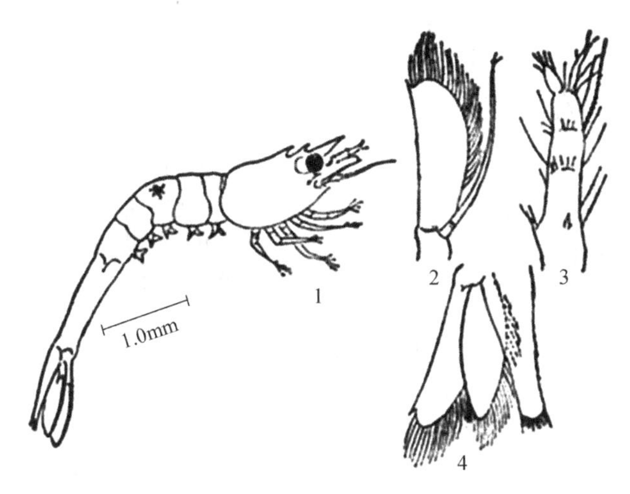

图 16-7　第Ⅶ期溞状幼体

1．幼体外形；2．大触角；3．小触角；4．尾节

第Ⅷ期溞状幼体（图 16-8）：平均体长 4.73mm，额角背刺 2 个，前背齿下有 3～4 根刚毛。触角鞭 7～8 节。触角片内侧有 27 根羽状刚毛。幼体第 1、2 对步足均出现不完整的螯。触角柄背面有一短刺。尾扇外肢和内肢分别有 30～31 根和 30 根羽状刚毛，外肢外侧有 1 根小刺。尾节具侧刺 2 对，末端刚毛 3～5 对。腹足外肢有 1～4 根刚毛，内肢无刚毛。出现向后倒退呈直线运动，集群现象明显，喜弹跳。游泳姿势依然为倒游。

第Ⅸ期溞状幼体（图 16-9）：平均体长 5.48mm，额角上缘有 3～4 个齿，下缘无齿，额角背刺 2 个。第 1 触角顶端具外、内鞭，外鞭分 4 节，上有 4 根感觉毛，3 长 1 短，内鞭分 4 节，上有 4 根刚毛。触角鞭分 9 节，触角片内侧有 36～40 根羽状刚毛。第 1、2 对步足均出现完整的螯。步足末端有刚毛 10～16 根。尾扇外肢和内肢分别有 35～36 根和 33～37 根羽状刚毛。尾节末端均有刚毛 4～5 对。尾节具侧刺 3 对。向后倒退呈直线运动更加明显，喜弹跳。游泳姿势依然为倒游。

第Ⅹ期溞状幼体（图 16-10）：平均体长 6.18mm，额角上缘齿 5～7 个。下缘无齿，额角背刺 2 个，前背齿下有 4～5 根刚毛，第 1 触角顶端具外、内鞭，外鞭分 4～5 节，末端有 4 根感觉毛，内鞭分 3～4 节，上有 4 根刚毛。触角鞭分 11～

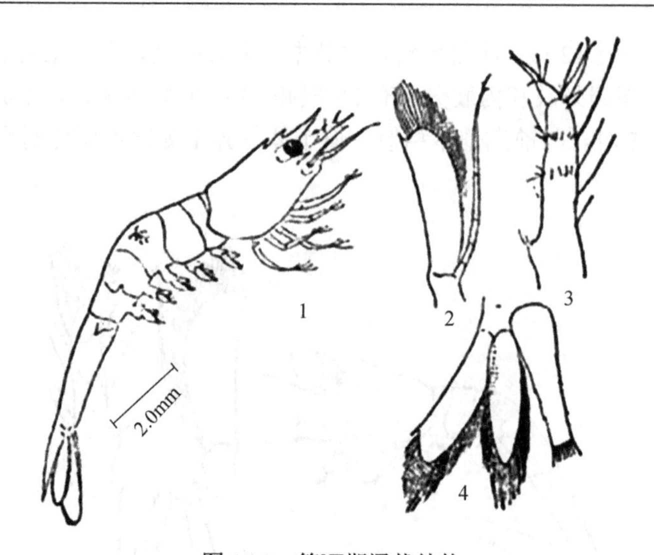

图 16-8　第Ⅷ期溞状幼体

1．幼体外形；2．大触角；3．小触角；4．尾节

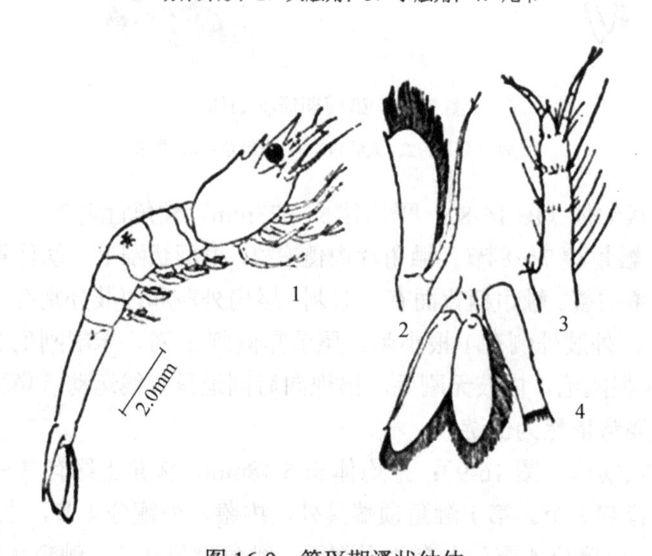

图 16-9　第Ⅸ期溞状幼体

1．幼体外形；2．大触角；3．小触角；4．尾节

12 节。触角片内侧有 42～43 根羽状刚毛。步足末端有刚毛 12～16 根。腹足内、外肢分别有刚毛 4～6 根和 9～12 根，内肢出现棒状附肢。尾扇内、外肢分别有 35～43 根和 44～48 根羽状刚毛。尾节具侧刺 2 对，末端具刚毛 4 对。个体显著增大，争食现象明显，趋光性强。

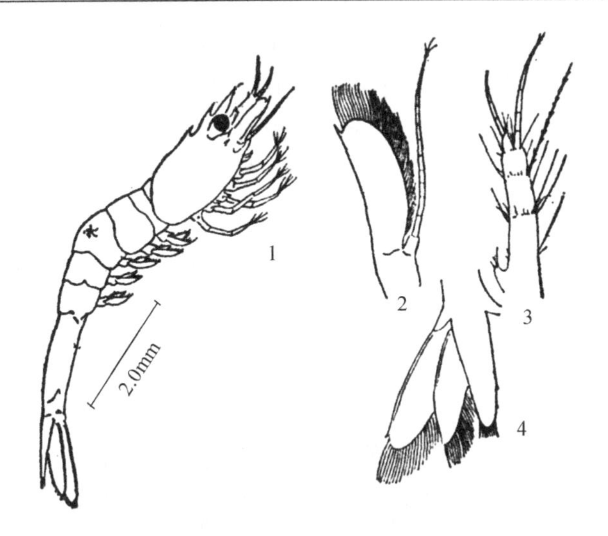

图 16-10　第Ⅹ期溞状幼体

1. 幼体外形；2. 大触角；3. 小触角；4. 尾节

第Ⅺ期溞状幼体（图 16-11）：平均体长 6.85mm，额角背缘全部有齿刻，额角上缘有 9～11 个齿刻。额角背刺 2 个，前背齿下有刚毛 4 根；往上数第 1 额角齿上方有 1 根刚毛。第 1 触角顶端具外鞭和内鞭，外鞭 6 节，末端有 3～5 根感觉毛，内鞭分 6～7 节，上有 4 根刚毛。触角鞭分为 14～15 节。触角片内侧有 32～35 根羽状刚毛；步足副肢末端有 12～16 根刚毛。腹足内、外肢分别有 3～4 根和 9 根刚毛，尾扇分叉，外肢和内肢分别有 40～42 根和 39～45 根羽状刚毛。尾节

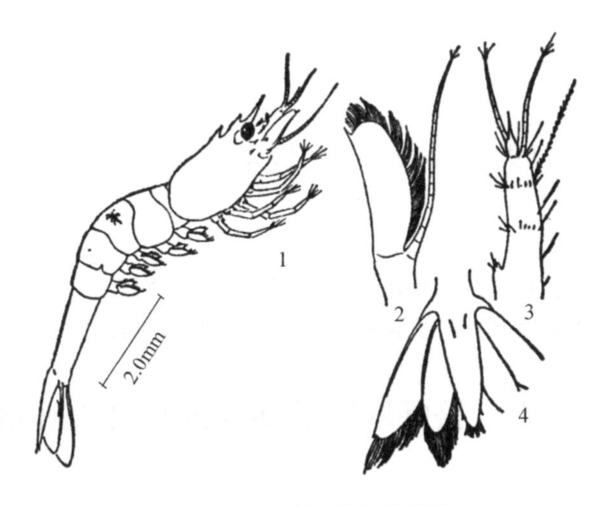

图 16-11　第Ⅺ期溞状幼体

1. 幼体外形；2. 大触角；3. 小触角；4. 尾节

末端有 4 对刚毛。当出现垂直旋转运动时，即将变态成仔虾。变态为仔虾后，其游泳姿势转为顺游（头朝前游），仔虾可攀附停留在池壁或附着物上。

仔虾（图 16-12）：平均体长 7.48mm，额角上缘有齿刻 10～12 个，下缘有齿刻 5～6 个，第 1 额齿下有 5 根刚毛，其余额角齿有 2～4 根刚毛。触角鞭分 26～43 节。触角片内侧刚毛较多。步足末端有 14 根刚毛。尾扇外肢和内肢分别有 46 根和 44 根刚毛。尾扇内肢两侧有 1 对侧刺。尾节末端中部有 1 硬棘，两侧各有 3 根刚毛。

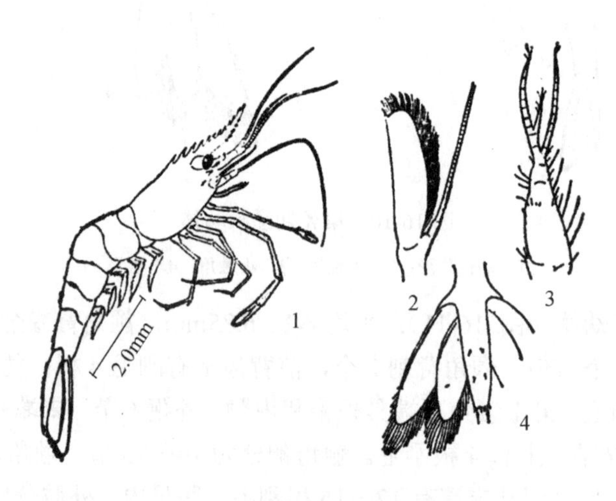

图 16-12　仔虾期

1. 仔虾外形；2. 大触角；3. 小触角；4. 尾节

五、结果与报告

绘制某一发育阶段罗氏沼虾溞状幼体外形图。

六、思考题

1. 罗氏沼虾仔虾共有几对步足，其中螯状足有几对？
2. 通过哪些特征来判别罗氏沼虾幼体的不同发育阶段？

实验十七　螯虾胚胎及幼体发育过程观察

一、目的及要求

通过对克氏原螯虾（*Procambarus clarkii*）胚胎及幼体发育各个时期的观察，了解螯虾类早期胚胎和幼体发育的一般过程。

二、实验原理

克氏原螯虾的胚胎发育过程可以分为 9 个主要阶段，全部体节在卵内发育时已经形成，孵化后不再新增体节，幼体孵化时，具备了终末体形，与成体无多大区别，仅缺少一些附肢。从幼体到成体共需蜕皮 11 次。每次蜕皮前后形态上都会发生一定的变化，因此，根据形态的变化可以进行发育分期判断。

三、实验材料和用具

1. **实验用具**　解剖镜，光学显微镜，解剖工具，放大镜，培养皿，载玻片，解剖盘等。

2. **实验材料**　克氏原螯虾胚胎发育各个时期的活体或装片标本，克氏原螯虾幼体发育各个时期的活体或浸制标本。

四、方法与步骤

取不同发育阶段胚胎活体或者装片标本，在光学显微镜下观察腹肢等细微结构。取处于不同发育阶段幼体的标本，在解剖镜下进行观察，细微结构也可借助光学显微镜进行观察。

（一）克氏原螯虾胚胎发育（图 17-1）

克氏原螯虾的胚胎发育过程可以分为 9 个主要阶段：受精卵、卵裂期、囊胚期、原肠期、前无节幼体期、后无节幼体期、复眼色素形成期、孵化准备期和孵化期。胚胎发育早期卵径无显著变化，保持在 2mm 水平，仅在孵化准备期卵径开始显著增大；发育过程中胚胎的颜色逐渐加深，表现为橄榄绿色→灰绿色→灰褐色→棕褐色→红褐色→暗红色的变化趋势；在水温 26℃的条件下，整个胚胎发育过程需 15d 左右；刚孵化出的幼体在形态结构上与成体相类似。

1. **受精卵**　克氏原螯虾的受精卵为典型的中黄卵，含卵黄较多，不透明，球形，呈橄榄绿色，卵径 2.0mm。

2. **卵裂期**　排卵约 4h 后，受精卵开始细胞分裂，方式为表面卵裂（superficial cleavage）。位于受精卵中央的细胞核首先分裂成若干个，并逐渐移至受精卵表面细胞质较多的地方，各自与一部分细胞质结合，从而导致全卵各部分同时分裂。此时期卵的颜色较刚排卵时略有加深，胚胎呈球形。

3. **囊胚期**　通过表面卵裂而形成表裂囊胚。囊胚呈球形，灰绿色，四周是一层扁平细胞，包围中央的卵黄，既没有囊胚腔，也辨不清动物极与植物极。

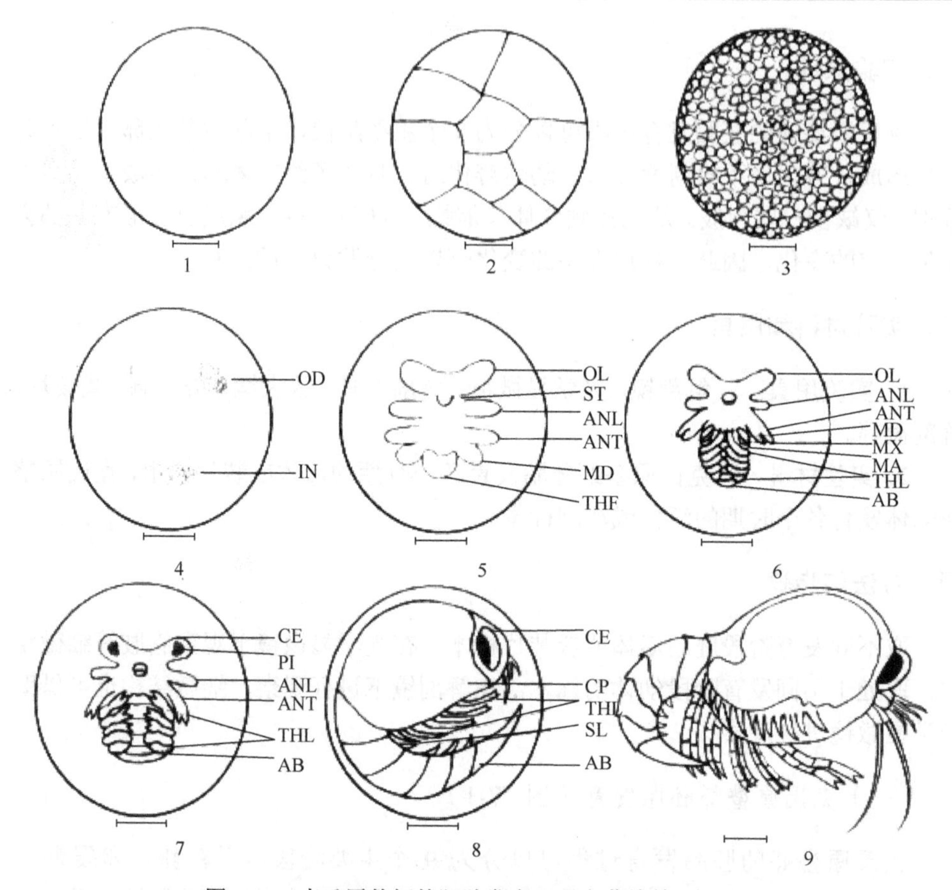

图 17-1　克氏原螯虾的胚胎发育（引自慕峰等，2007）

1. 受精卵；2. 卵裂期；3. 囊胚期；4. 原肠期；5. 前无节幼体期；6. 后无节幼体期；7. 复眼色素形成期；8. 孵化准备期；9. 初孵幼体。AB. 腹部；ANT. 大触角；ANL. 小触角；CE. 复眼；CP. 头胸甲；IN. 内陷区；MD. 大颚；MA. 颚足；MX. 小颚；OD. 视叶原基；OL. 视叶；PI. 复眼色素；ST. 口道；THF. 胸腹突；THL. 步足；SL. 游泳足。图中标尺均为 0.5mm

4. 原肠期　排卵 2d 后，受精卵颜色加深，呈灰褐色。胚胎腹面后端中线处先有 1 个由囊胚层加厚而形成的小圆形区，即内胚层原基，然后在此原基前缘出现 1 个半环形沟，内陷从这里开始，从而形成一个内胚层囊，未陷入的囊胚层部分细胞则成为外胚层。陷入的内胚层细胞不断吸收卵黄，逐渐从内向外扩展，靠近外胚层，最后呈圆柱形，胞核与胞质位于外端，而内端部分充满卵黄。内陷的结果是，囊胚腔被挤掉，而形成一个新的腔隙，即原肠腔。原肠腔与外界相通的开口称为原口或胚孔（blastopore）。原肠期开始不久后，在原口前方两侧，细胞迅速增殖，聚集成 2 个呈对称分布的细胞团，即视叶的原基，将来发育成 1 对复眼。原肠期后期，原口两侧的细胞聚集、增厚，形成 2 个细胞群，此为腹板的原基。同侧视叶原基与腹板原基之间的细胞密度较其他部位大，且各向外侧突出呈弓形，将来小触角、大触角及大颚都发生于此，该处颜色较淡，呈半透明状。随后腹板原基细胞不断增殖，向胚胎腹面中线处靠拢，从而愈合形成胸腹突。随着胚胎进一步发育，原口被胸腹突细胞所覆盖，原口随之消失。原肠期阶段卵呈圆球形，卵径无显著变化。

5. 前无节幼体期　原肠期后期，胚胎前后两端外胚层细胞集中内凹，从而形成口道与肛道的雏形。口前缘细胞快速分裂增殖，聚集形成上唇原基。口道与肛道后来和由内胚层形成的中肠相连。在胸腹突与视叶原基之间，形成左右对称分布的 2 个细胞团，并持续增大，发育成胚体的大颚原基。在大颚原基与视叶原基之间、靠近大颚原基的位置，出现 1 对细胞群突起，此为大触角原基。随后，在大触角原基与视叶原基之间又出现了 1 对细胞群突起，为小触角原基。这种具备 2 对触角原基与 1 对大颚原基的胚胎就是卵内无节幼体。

6. 后无节幼体期　此阶段的卵体呈圆球形，棕褐色，卵径较上期无显著变化，卵表面粗糙不平，胚体形态发育变化显著。随着胚胎进一步发育，卵内透明胚体部分进一步增大，卵黄逐渐减少。卵内无节幼体表面形成一层外膜，随后这层外膜被吸收而消失，这相当于蜕皮。前期形成的 3 对附肢原基进一步增大拉长，呈肢芽状。随着胸腹突细胞不断增殖，逐渐向上唇方向延伸，在其下方两侧细胞增殖聚集，发育成 2 对小颚的原基。胸腹突体积增大，末端开始分叉，皱褶位置逐渐后移，上部则不断向上唇方向扩增，在胸腹突基部相继形成 3 对颚足的原基，此时胚胎已开始分节。

随后，胸部的 5 对步足原基及其他附肢原基形成，并不断生长。胸部和腹部出现较为明显的分节现象，胸部每一体节有 1 对附肢，且部分胸部附肢具备内、外肢的结构，而腹部尚未见到有附肢发生。此时胚体左右两侧还各出现 1 条纵向的隆起，即头胸甲原基。随着胚胎的进一步发育，头胸部附肢快速增长，前 3 对步足末端发育成螯状，后 2 对步足末端发育成爪状结构。最先形成的 2 对触角原基增大，大触角内、外肢已分化，呈“Y”形分叉结构，小触角原基末端增厚。胚体左右 2 个胸腹突皱褶朝腹面弯曲而转向前方，形成尾节，因此其末端位于口的下后方，胚体腹部也已经形成 6 个分节。胚体腹部的第 2～5 对附肢的肢芽不断生长，发育成为游泳足，第 6 对附肢肢芽与尾叉愈合形成尾扇，而腹部第 1 节未见有附肢发生。至此，胚胎共具备 18 对附肢，其中头胸部附肢较长且已分节，形态与成体较为类似。

在胚体头胸甲背部边缘处，可观察到淡黄色的囊状心脏出现，伴随微弱的间歇性心跳，至后无节幼体期的末期，心跳次数每分钟可达 30 次左右。

7. 复眼色素形成期　在复眼色素形成期初期，卵呈红褐色，其透明区域进一步增大，约占胚体的 1/3。胚胎视叶进一步扩增，其外侧开始出现细小的暗红色色素点，并逐步密集沉积，随后形成细窄弯曲的柳眉状，复眼清晰可见。随着胚胎的进一步发育，色素物质进一步扩增，复眼区域逐渐变宽，颜色加深，眼柄形成并逐步加厚，突出于胚胎表面。卵黄利用速度加快，卵的透明度进一步增大。此期早期心跳很不均匀，搏动无明显节律且心跳间隙次数较多，间隔时间较长，平均心跳次数为每分钟 70～90 次；此期后期心跳频率增加，间隙次数减少，并且趋于稳定，节律性增加，心跳次数增至每分钟 120 次左右。复眼色素形成期卵径较上期无甚变化。

8．孵化准备期　此期历时较短，一般 1d 左右，胚体呈暗红色，基本呈球形，卵径略有增加。胚胎复眼色素区呈粗黑的椭球状，眼柄进一步突出，单眼清晰可辨。胚体头胸甲侧缘游离，边缘出现红色斑纹并逐步向背部延伸。附肢生长发育很快，腹部附肢长度增加并出现分节。卵干净、晶莹，卵黄减少，所剩少量分布在胚体头胸部背面，呈黄褐色。透明区域逐步增加至胚体的 1/2，心跳次数每分钟增加到 170 次左右。此时胚胎发育基本完成，体形与成体相类似。偶尔可见胚体于卵内轻微转动，并伴有附肢末端轻轻拍打的动作。

9．孵化期　当心跳频率每分钟约为 200 次时，幼体很快破壳而出，即第一期幼体。初孵幼体体形与成体基本相同，腹部卷曲，活动能力很弱，依靠卵黄为营养物质，附着在母体腹足上生活。第一期幼体需附着在母体上 15d 左右，其间完成 2 次蜕壳，将卵黄完全消耗殆尽，待环境条件适宜时，才完全脱离母体，在水中营自由生活。

（二）克氏原鳌虾幼体发育（图 17-2）

克氏原鳌虾的全部体节在卵内发育时已经形成，孵化后不再新增体节，幼体孵化时，具备了终末体形，与成体无多大区别，仅缺少一些附肢。刚出膜的幼体为末期幼体（post larva），也称为第 1 龄幼体（first instar），以后每蜕一次皮为 1 个龄期。第 1 次蜕皮后的幼体称为第 2 龄幼体（second instar），第 2 次蜕皮后的称为第 3 龄幼体（third instar），余下类推之。从幼体到成体共需蜕皮 11 次。第 3 龄幼体已基本完成了外部结构的发育，卵黄完全被吸收，开始自由活动和摄食。

1．第 1 龄幼体　头胸甲膨大，占体全长的 1/2 以上，含丰富的卵黄。复眼 1 对，无眼柄，不能自由活动。额剑短小，向下弯曲，位于两眼之间，无刺和毛。第 1 触角 1 对，原肢 4 节，内肢 3 节；外肢 4 节。第 2 触角 1 对，双肢型，原肢 2 节，内肢鞭状，约 32 节；外肢扁平，内缘及末端具刺毛列。大颚 1 对，单肢型。门齿 6 个，臼齿 3 个，但未长出；内肢 3 节，棒状，第 3 节向内弯曲，末端具刺 20 枚，无外肢。第 1 小颚 1 对，单肢型，原肢片状，具内、外 2 片。内片长方形，较外片大，末端及两侧具刺；外片末端钝圆，两侧具刺。内肢短小，不分节，无刺毛，无外肢。第 2 小颚 2 对，双肢型，原肢内侧形成 4 个片状突起，末端各具数枚刺，内肢细小，不分节，无刺毛；外肢为一宽大片状突起，称为颚舟片，具

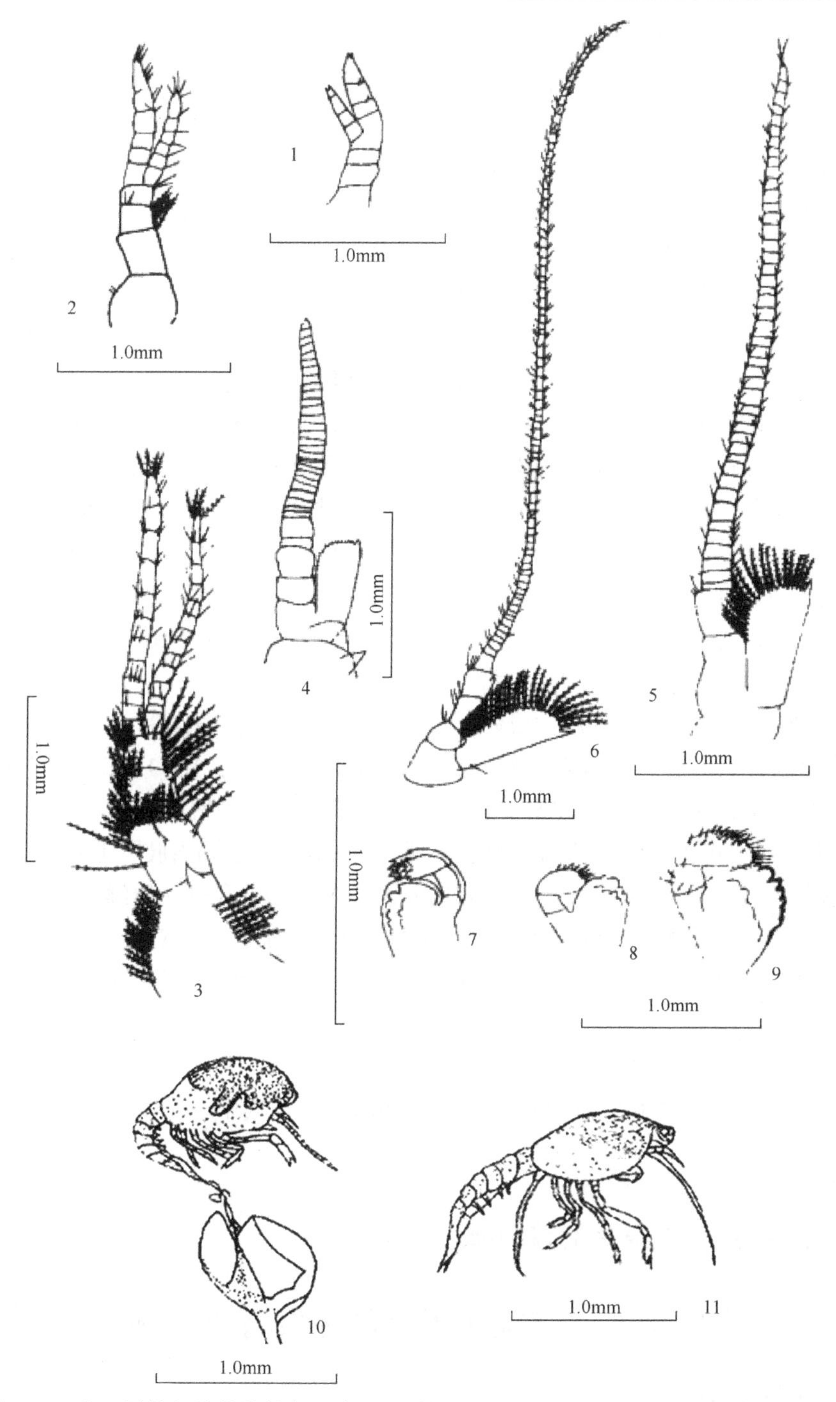

图 17-2　克氏原螯虾幼体的触角、大颚及幼体侧面观（引自郭晓鸣和朱松全，1997）

1～3．依次为第 1～3 龄幼体的第 1 触角；4～6．依次为第 1～3 龄幼体的第 2 触角；7～9．依次为第 1～3 龄幼体的大颚；10．第 1 龄幼体整体侧面观；11．第 2 龄幼体螯体侧面观

羽状刚毛刺。第 1 颚足 1 对，双肢型，原肢片状，具 1 根羽状刚毛和 4 枚小刺，内肢细小，不分节，无刺毛；外肢粗大，分 8 节，第 1 节宽大，呈片状，两侧缘着生羽状刚毛，后 7 节鞭状，每节具 5 枚小刺。第 2 颚足 1 对，双肢型，内肢 3 节，第 3 节向内弯曲，末端具 10 余枚小刺；外肢鞭状，不分节，具数小刺。第 3 颚足 1 对，双肢型，内肢粗大，分 5 节，具数枚小刺；外肢结构与第 1 颚足相似。胸足 3 对，单肢型，外肢退化，内肢 7 节，第 7 节分化不明显，第 6 节和第 7 节呈钳状，内缘具数枚小刺。尾节末端有一细丝连接着刚脱出的卵膜。无第 1 对腹足和尾足。

2. 第 2 龄幼体　外形基本如成体，头胸甲已不是很膨大，但仍有卵黄。复眼具眼柄，能自由活动。额剑增大，两侧内缘隆起形成脊，末端具 1 角刺，两侧内缘具数根羽状刚毛。第 1 触角内、外肢各 6 节，具数根羽状刚毛和刺。第 2 触角内肢增长 40 多节，外肢内缘及末端已发展成羽状刚毛列。大颚门齿、臼齿已长出，臼齿 4 个。第 1 小颚原肢内片外具 3 根羽状刚毛，内肢末端具一向内的长刺，基部具 3 根羽状刚毛。第 2 小颚内肢具数根羽状刚毛。第 1 颚足外肢刚毛增加。第 2 颚足内肢 4 节，刚毛和刺毛增加。第 3 颚足刺毛与刚毛增加。胸足内肢 7 节明显，各节增加数根刺毛和细毛。尾节末端细丝消失，尾足出现，与尾节共同形成尾扇。能爬行和游泳，并开始摄食。

3. 第 3 龄幼体　外形如成体，头胸甲正常，卵黄消失。额剑继续增大并伸直，脊两侧着生刺毛，羽状刚毛减少为每侧 3 根。第 1 触角内肢 12 节，外肢 14 节，刚毛继续增多。第 2 触角内肢增长 80 多节。大颚门齿明显增厚变硬，有门齿 7～8 个，臼齿 5 个。第 1 小颚上的羽状刚毛和刺毛增加。第 2 小颚内肢刚毛和刺毛增多。第 1 颚足外肢刚毛继续增加。第 2 颚足外肢 16 节，刚毛和刺毛继续增加。第 3 颚足刺毛与刚毛继续增加。胸足各节刺毛和细毛继续增加。第 1 对腹足出现，至此，身体各部分附肢已全部发育齐全，幼体离开母体自由活动，但仍常回到母体腹部。

五、结果与报告

绘制克氏原螯虾胚胎发育不同阶段的外形图（选其中一个阶段进行描绘）。

六、思考题

克氏原螯虾在胚胎发育过程中颜色如何变化？

实验十八　三疣梭子蟹幼体发育过程观察

一、目的及要求

了解三疣梭子蟹幼体发育的过程，熟悉三疣梭子蟹不同幼体发育阶段的形态特征。

二、实验原理

三疣梭子蟹幼体发育通常包括溞状幼体和大眼幼体两个阶段，溞状幼体经 4 次蜕皮后变态为大眼幼体。大眼幼体再经过一次蜕皮变态为第 I 期幼蟹。

三、实验材料和用具

1．**实验用具**　光学显微镜，解剖镜，剪刀，镊子，解剖针等。
2．**实验材料**　不同发育阶段的三疣梭子蟹幼体活体或标本。

四、方法与步骤

取不同发育阶段三疣梭子蟹幼体（或标本），在解剖镜下进行观察，主要观察外形特征、腹肢形态、触角及刚毛的变化，有的细微结构也可以借助光学显微镜进行局部放大后观察。三疣梭子蟹的幼体发育分为溞状幼体和大眼幼体两个阶段。

1．**第Ⅰ期溞状幼体**　身体分为头胸部和腹部两部分。头胸甲具额棘（刺）和背棘（刺）各 1 个，背棘长于额棘；有侧棘 1 对，较短小。复眼 1 对，无柄，不能转动。腹部细长，分为 6 节（含尾节），第 2 节和第 3 节中部两侧各具 1 侧刺，第 2 节的侧刺指向身体前方，第 3 节的侧刺指向身体后方。第 3～5 节后侧角突出为尖刺状。尾节呈叉状，每个尾叉外缘有 1 刺，内缘有 3 根刚毛。

第 1 触角短，末端具有 2 长 2 短 4 根鞭状感觉毛。第 2 触角原肢延长，外肢短小，末端叉状，末端两侧具有小刺。大颚包括切齿和臼齿两部分，都具有齿。第 1 小颚原肢 2 节，为片状，底节有 6 根刚毛，基节有 5 根硬刺毛；内肢两节，第 1 节具 1 根刚毛，第 2 节具 6 根刚毛。第 2 小颚呈片状，原肢 2 节，内肢不分节，有 6 根刚毛。颚舟叶边缘具有 4 根刚毛。内肢不分节，具有 6 根刚毛。颚舟叶边缘有 4 根羽状刚毛。第 1 颚足原肢 2 节，底节短小，具有 1 根刚毛。基节宽大，内缘有 10 根刚毛。内肢 5 节，外肢 2 节，末节末端具有 4 根羽状刚毛。第 2 颚足原肢 2 节，底节短小，基节宽大，内缘有 4 根刚毛；内肢 3 节，外肢 2 节，末节末端有 4 根羽状刚毛。

2．**第Ⅱ期溞状幼体**　背棘与额棘长度接近。复眼具柄，能活动。腹部第 1 节背面中部具 1 根羽状刚毛，第 2～5 节生有极小刚毛。尾叉中部有 1 对刚毛。第 1 触角末端具 5 根感觉毛（3 长 2 短）；第 2 触角内肢雏形；大颚侧面有 3 个小齿；第 1 小颚底节有 7 根硬刺毛，基节具 8 根硬刺毛；第 2 小颚底节具有 3 根硬刺毛，基节有 4 根硬刺毛。第 1、2 颚足外肢末端各有 6 根羽状刚毛；第 3 颚足及步足芽突出现。

3．**第Ⅲ期溞状幼体**　头胸甲后下角具 16 个小齿、17 根刚毛。腹部 7 节，

第 1 节背面中部具 2～3 根羽状刚毛。第 1 触角具 2 排感觉毛，末排 5 根。第 2 触角内肢延长，但仍略短于外肢。大颚切齿具有 8 个小齿；第 1 小颚底节有 7 根硬刺毛，基节具 10 根硬刺毛。第 2 小颚底节基叶和末叶各有 4 根硬刺毛。第 1 颚足底节具有 2 根刚毛，内肢各节刚毛数依次为 2、2、1、2、6，外肢末端有 10 根羽状刚毛；第 2 颚足外肢末端有 10 根羽状刚毛。第 3 颚足及步足延长，伸出头胸甲之外；出现腹肢芽突。

4．第Ⅳ期溞状幼体　头胸甲后下角具 31～39 个小齿、21 根刚毛。腹部第 1 节背面中部具 3～4 根羽状刚毛。第 2～6 节背面各具 2 根细小羽状刚毛。尾叉中部有 3 根刚毛。第 1 触角有 2 排感觉毛，末排 5 根，另一排 4 根。第 1 小颚底节有 10 根硬刺毛，基节有 15 根硬刺毛。第 2 小颚底节基叶和末叶各有 5 根硬刺毛，基节基叶有 8 根硬刺毛，末叶有 7 根硬刺毛。第 1 颚足外肢末端有 13～14 根羽状刚毛。第 2 颚足外肢末端有 14～16 根羽状刚毛。第 1 步足掌节和指节已具齿状突起。第 2～5 步足明显分节。腹肢芽突延长，呈棒状。第 1～4 腹肢双肢型，第 5 腹肢单肢型。

5．大眼幼体　身体背腹较扁平。头胸甲后部每侧各有 9 根刚毛。额棘尖锐，短于第 2 触角，但长于第 1 触角。背棘和侧棘均消失。眼柄伸长。腹部 7 节，第 5 节后侧角呈尖刺状。尾叉消失，尾节后缘中部有 3 根羽状刚毛。第 1 触角内肢 2 节，外肢 5 节，原肢底节和基节均具刚毛。第 2 触角鞭状，11 节。步足 5 对，7 节，各节均具刚毛，第 1 步足为钳状，掌节、指节内缘均具齿状突起，互相嵌合。第 2～4 步足扁平，指节呈爪状。第 5 步足指节末端有 5～7 根呈弯钩状的毛。腹肢 5 对。

五、结果与报告

绘制三疣梭子蟹溞状幼体和大眼幼体形态图。

六、思考题

三疣梭子蟹的幼体发育如何进行分期？

实验十九　拟穴青蟹幼体发育过程观察

一、目的及要求

了解拟穴青蟹幼体不同发育阶段的形态特征，学会进行不同发育阶段分期。

二、实验原理

和三疣梭子蟹幼体发育一样，拟穴青蟹幼体发育也包括溞状幼体及大眼幼体两个阶段，一般需蜕皮 6 次（有时会出现 7 次蜕皮）（曾朝曙等，2001）。每次蜕皮前后形态上都会发生一定的变化，因此，根据形态的变化可以进行发育分期判断。

三、实验材料和用具

1．**实验用具**　光学显微镜，解剖镜，镊子，培养皿等。

2．**实验材料**　不同发育阶段拟穴青蟹幼体标本材料（条件允许的话，也可以是活体）。

四、方法与步骤

取处于不同发育阶段的拟穴青蟹幼体（或标本）（图 19-1），在解剖镜下进行观察，主要观察其外形特征、腹肢形态、触角及刚毛的变化，有的细微结构也可以借助光学显微镜进行局部放大后观察。注意与三疣梭子蟹幼体发育过程进行比较。

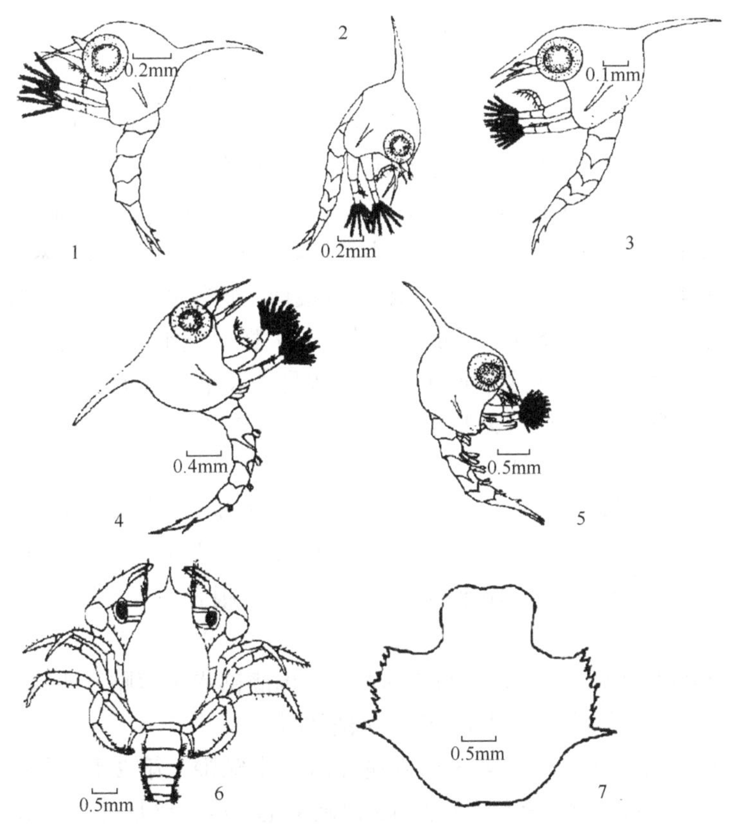

图 19-1　拟穴青蟹不同发育阶段幼体形态（引自曾朝曙等，2001）

1．第Ⅰ期溞状幼体；2．第Ⅱ期溞状幼体；3．第Ⅲ期溞状幼体；4．第Ⅳ期溞状幼体；5．第Ⅴ期溞状幼体；6．大眼幼体外形；7．稚蟹外形

1．**第Ⅰ期溞状幼体**（Z_1）　复眼无眼柄，不能活动。第 1 触角为单肢型，不分节，末端具有 4～5 根感觉毛。第 2 触角外肢不发达，具光滑刺 1 个，有刚毛 1 根。大颚由 2 颚片组成，具齿。第 1、2 小颚基肢由基节、底节组成。第 1、2 颚足外肢为 2 节，末节末端有 4 根羽状刚毛，内肢短；第 1 颚足外肢 2 节，末端有羽状刚毛 4 根；内肢短，比外肢细。第 2 颚足外肢 2 节，末节末端有羽状刚毛 4 根；内肢短小。腹部 6 节，第 6 腹节与尾叉基部愈合，除第 1 节外，其余各节背面后端都有 1 对刚毛，第 2～3 节侧中部有 1 刺状突起，3～5 节的后侧角为刺状突起，尾节为叉状。

2．**第Ⅱ期溞状幼体**（Z_2）　第 1 触角末端有 4 根感觉毛和 2 根短刚毛。第 2 触角形状与 Z_1 相似。大颚齿数增加。第 1、2 颚足外肢末节末端均具 6 根羽状刚毛。尾叉内缘出现 2 个光滑小刺。

3．**第Ⅲ期溞状幼体**（Z_3）　第 1 触角末端有 6 根感觉毛。第 2 触角内肢雏形出现。大颚齿数增加。第 1 小颚基节和底节分别有刺 10 个和 8 个。第 1 颚足外肢末节末端有 8 根羽状刚毛，内肢第 3 节有刺 1 个。第 2 颚足外肢末端具 8～9 根羽状刚毛。开始出现步足雏形。腹部第 6 节与尾节分节明显。

4．**第Ⅳ期溞状幼体**（Z_4）　第 1 触角末端有 2 根长感觉毛和 2 根短刚毛，亚末端具 5 根短刚毛，内肢芽状突起明显。第 2 触角内肢略短于外肢。第 1 颚足外肢末节末端具 10～11 根羽状刚毛，内肢第 5 节有刺 1 枚。第 2 颚足外肢末节末端具 11～12 根羽状刚毛。第 3 颚足和步足已露出头胸甲。腹肢为棒状。

5．**第Ⅴ期溞状幼体**（Z_5）　复眼具有眼柄，能自由活动。第 1 触角末分节。第 2 触角内肢开始出现分节，内肢长于外肢。大颚出现不分节的颚须。第 1 颚足外肢末节末端有 11～13 根羽状刚毛。第 2 颚足外肢末端有 12～14 根羽状刚毛。开始出现第 3 颚足。第 1～4 对腹肢双肢型，外肢 2 节，内肢短小且不分节。第 5 对腹肢仅具外肢，为单肢型。

6．**第Ⅵ期溞状幼体**（Z_6）　不常见。第 1 触角和第 2 触角同第Ⅴ期溞状幼体。大颚颚须仍未有分节现象。第 1 颚足外肢末节末端具 12～15 根羽状刚毛。第 2 颚足外肢末节末端具 13～16 根羽状刚毛，以 15 根者居多。第 3 颚足和腹肢较第Ⅴ期溞状幼体更为发达。

7．**大眼幼体**（M）　体形与成体相近，但腹部尚未弯贴于头胸甲下部，背、侧棘退化消失，吻棘缩短，基部变宽，眼柄伸长。

第 1 触角柄部分 3 节，第 3 节末端分出 2 根触鞭。第 2 触角鞭状，分为 11 节。大颚颚须分为 2 节，末节末端具 13 根硬刺毛。第 1 颚足外肢 2 节，末节末端有 6 根刺毛；内肢扁平，不分节，末端具 4～11 个光滑刺。第 2 颚足外肢 2 节，末节末端有刺毛 6 根，内肢 4 节，末 2 节有较多刺。第 3 颚足外肢不分节，末端有刺毛 6 根；内肢 5 节，均具刺。步足 5 对，发达，指节、掌节等肢节上有小毛刺。第 3 胸足的基节腹面有一粗大而垂直向下的刺。腹部有腹肢 5 对，位于第 2～6 腹板上，除尾肢以外，各腹肢均有内、外肢，外肢边缘生有许多羽状刚毛。

五、结果与报告

绘制拟穴青蟹不同发育阶段的外形图。

六、思考题

拟穴青蟹的幼体发育与三疣梭子蟹有什么异同？

实验二十　中华绒螯蟹胚胎及幼体发育过程观察

一、目的及要求

了解中华绒螯蟹胚胎和幼体不同发育阶段的形态特征及主要培养条件，学会进行不同发育阶段的分期。

二、实验原理

中华绒螯蟹胚胎经过一系列的形态学变化，由受精卵发育至初孵溞状幼体，依据光学显微镜下观察的胚胎外部形态特征变化，可以确定胚胎发育的分期；初孵溞状幼体称为第Ⅰ期溞状幼体，经过 6 次蜕皮后最终发育成仔蟹，其头胸甲、腹节和尾节上的特征差异可作为幼体分期的依据。

三、实验材料和用具

1. **实验用具**　光学显微镜，解剖镜，培养皿，镊子，解剖针，放大镜等。
2. **实验材料**　中华绒螯蟹抱卵亲本或不同发育阶段中华绒螯蟹幼体。

四、方法与步骤

1. **亲蟹交配和抱卵蟹饲养**　将性腺发育成熟的中华绒螯蟹置于盐度在 15‰～25‰的海水中，观察其交配和抱卵情况；在水温为 10～15℃条件下，通常交配第二天可见抱卵蟹，交配一周后抱卵蟹数量占 70%～80%，然后剔除雄蟹，将抱卵蟹饲养于盐度为 20‰左右的水族箱中，每隔 2～3d 取少量处于不同胚胎发育阶段的胚胎，在光学显微镜下观察并绘图。

2. **胚胎各期主要特征**　依据中华绒螯蟹胚胎发育的形态学特征和心跳，可以将其分为受精卵、卵裂期、囊胚期、原肠期、无节幼体期、眼点期、色素期和心跳后期，各期主要特征如下。

（1）受精卵。刚产出的卵为椭圆形、酱紫色，在水温 17～19℃的条件下，从排卵结束后通常需要经过 2～5d 才能进行卵裂。当然，不同个体存在较大差异，堵南山等（1992a，1992b）报道从排卵结束到卵裂开始最短仅需要 25h 左右。受精卵表面光滑，无卵裂沟。

（2）卵裂期。在水温 17～19℃的条件下，排出的卵经过 2～5d 的受精和卵裂前的准备，开始进入卵裂期，卵裂方式为表面卵裂，即不完全卵裂，受精卵表面向内凹缢形成多细胞结构，从第 1 次到第 5 次卵裂，受精卵依次分裂为 2、4、8、16、32 个细胞，其大小并不相等， 卵裂期的胚胎表面可见卵裂沟。第 1 次卵裂后，形成 128 个细胞，胞核全部移至胚胎表面，卵裂期结束。

（3）囊胚期。胚胎经过 7～10d 的发育，经历 8 次卵裂，产生了 256 个细胞，即进入囊胚期。囊胚期的胚胎分裂速度进一步加快，细胞数量很多，已经难以计数，这些细胞都呈圆形或椭圆形，排列在胚胎四周，组成一层薄的囊胚层，囊胚层下的囊胚腔完全被卵黄颗粒所填充，因此也被称为卵黄囊。

（4）原肠期。经过 8～12d 的胚胎发育，胚胎以内移方式形成原肠胚，在光学显微镜下可以观察到胚胎一端出现一个透明区域，这就是胚胎进入原肠期的标志。此时卵黄囊的体积开始缩小。此时胚胎中产生 4 个相距较近的细胞团突起， 即上部的 2 个视叶原基和近原口处的 2 个胸腹原基；在头部附肢原基发生前，1 对胸腹原基逐渐愈合，形成胸腹突。胚胎进一步发育，原肠及原口被胸腹突细胞覆盖。在视叶与胸腹突之间，大颚基首先发生，大触角原基在大颚基与视叶原基之间随后出现，胚胎外观突起，共有 1 对视叶原基、1 对大触角原基、1 对大颚原基和愈合的胸腹突。

（5）无节幼体期。胚胎经过 12～18d 的发育，开始进入卵内无节幼体阶段， 小触角原基在大触角原基与视叶原基之间发生，这是胚胎进入卵内无节幼体期的标志。在此阶段，视叶原基、小触角原基、大触角原基及大颚原基随细胞分裂不断增大，形成视叶、小触角、大触角及大颚 4 个突出点，在光学显微镜下很容易观察到。但是，此阶段胚胎尚未出现分节。

（6）眼点期。胚胎经过 18～22d 的发育进入卵内溞状幼体阶段，由于卵内溞状幼体时间较长，因此根据不同时期的特征又可分为眼点期、色素期和心跳后期 3 个主要阶段。当观察到胚内幼体出现腹部分节时，就意味着胚胎进入了卵内溞状幼体阶段。在此阶段，可以观察到在视叶原基处首先出现排列成弧形的数列短棒状结构，这就是复眼，随后进一步发育成月牙形，最后发育成椭圆形，颜色也由褐黄色逐渐变为黑色，约 24h 后，复眼发育完全。

（7）色素期。胚胎发育过程中，透明区的体积进一步扩大，卵黄囊体积进一步缩小，胚胎发育至 25d 左右，透明区已经占胚胎体积的一半以上，此时除复眼变黑和变大外，胚胎上还可见很多棕黑色的色素条纹，这些色素细胞初呈短棒状，后发育为星芒状，数量较多。此时，心脏已经出现间歇性的心跳，心跳速度为 10～30 次/min。

（8）心跳后期。随着胚胎的进一步发育，心跳速度进一步加快，卵黄囊缩小成一对蝶状结构，其总体积仅占胚胎总体积的 30%以下，当胚胎心跳频率超过 150 次/min 时，可见卵内溞状幼体出现附肢颤动或腹部收缩等活动，胚胎即将孵化。

3. 幼体各期主要特征　将中华绒螯蟹初孵幼体饲养于烧杯或者小型水族箱中，温度和盐度分别控制在 20℃和 18‰～25‰，24h 充气，幼体密度为 30～100 只/L；第Ⅰ～Ⅲ期溞状幼体主要投喂活轮虫，密度为 10～40 只/ml；在第Ⅳ期至大眼幼体阶段，主要投喂卤虫无节幼体，密度为 3～5 只/L；在第Ⅱ期幼体后，根据水质情况每天换水 30%～50%。每隔 2～3d 取少量幼体在光学显微镜下观察其形态特征并拍照或绘图，各期主要特征如下。

第Ⅰ期溞状幼体：刚孵化出的幼体形态像水溞，因此称为溞状幼体，身体分为头胸部和腹部两部分。体长为 1.6～1.8mm，复眼无眼柄，具有 1 背刺、1 额刺和 2 侧刺，第 1 颚角和第 2 颚角外肢有 4 根刚毛，尾叉内侧具有 3 对刚毛，腹节数为 6，无胸足、第 3 颚足和腹肢。

第Ⅱ期溞状幼体：体长为 2.1～2.3mm，复眼出现眼柄，第 1 颚角和第 2 颚角外肢有 6 根刚毛，腹节数为 7，仍然无胸足、第 3 颚足和腹肢。

第Ⅲ期溞状幼体：体长为 2.4～3.2mm，头胸甲后下角具有 10～13 个小齿和 9～11 根羽状刚毛，腹部仍然为 7 节，第 1 颚角和第 2 颚角外肢有 8 根刚毛，尾叉内侧具有 4 对刚毛，胸足、第 3 颚足和腹肢均出现芽状原基。

第Ⅳ期溞状幼体：体长为 3.3～3.9mm，头胸甲后下角具有 17～18 个小齿和 12 根羽状刚毛，腹部仍然为 7 节，第 1 颚角和第 2 颚角外肢有 10 根刚毛，大多数个体尾叉内侧仍然为 4 对刚毛，少量个体出现第 5 对刚毛的胚芽，胸足、第 3 颚足和腹肢的芽状原基进一步突起。

第Ⅴ期溞状幼体：体长为 4.0～5.2mm，腹部仍然为 7 节，腹部第 1 节背面约具有 8 根短刚毛，尾叉内侧具有 5 对刚毛，第 1 颚角和第 2 颚角外肢有 12 根刚毛，胸足和第 3 颚足分节明显，第 1 对胸足已经成钳状，钳指内缘已具齿。

大眼幼体：体长为 4.9～5.4mm，由于复眼末端具有长长的眼柄，复眼露出眼窝，因此称为大眼幼体。大眼幼体身体扁平，额刺、被刺和侧刺均已经消失，额缘中央凹成一缺刻，两侧突起。此时第 1 对胸足已经发育成强壮的大螯，腹部狭长，尾叉消失。

第Ⅰ期仔蟹：大眼幼体发育过程中需要逐步过渡到淡水，或者低盐度海水，经过 5～8d 的发育，蜕皮后变成第Ⅰ期仔蟹。此时，额缘呈两个半圆形突起，腹部已经完全折贴于头胸部下，成为腹脐，此时头胸甲和腹脐的形态已经与成蟹接近。

五、结果与报告

绘制中华绒螯蟹胚胎和幼体不同发育阶段的外形图，用表格形式列举出各期的主要特征和分期依据。

六、思考题

1. 中华绒螯蟹胚胎发育过程中卵黄囊是如何形成和消失的？它们与形态发育有何关系？

2. 中华绒螯蟹幼体发育过程中关键的分期依据是哪些形态特征？

第四部分　创新性及综合性实验

实验二十一　桡足类的分离与培育

一、目的及要求

通过实验掌握桡足类的水滴分离法和培养方法。

二、实验原理

桡足类是海洋经济动物苗种的饵料，特别是鱼类、头足类育苗的优质饵料。桡足类大部分是海水种类，全世界共计 200 科 1650 属 11 500 个种。但作为饵料生物利用的种类，主要隶属于哲水蚤目 Calanoida，部分属于猛水蚤目 Harpacticoida。哲水蚤类无节幼体个体较小，完全营浮游生活，所以适于海水鱼幼体摄取，特别是在开口阶段。但哲水蚤目的培养只能达到较低的密度（成体 100～200ind/L），且含不饱和脂肪酸（n3HUFA）较少；猛水蚤目无节幼体可以培养到比较高的密度（11.5×10^4ind/L），且含较多的 n3HUFA，但猛水蚤目大多数营底栖生活，限制了鱼虾蟹幼体的摄取。目前仅有少数的桡足类成功实现了大面积的培养，但大部分的桡足类还主要停留在实验性的、集约化小规模的培养阶段，其培养只能持续数周或数月。

三、实验材料和用具

1. **实验用具**　浮游动物网，解剖镜或光学显微镜，凹玻片，粗口胶头滴管，光照培养箱，消毒锥形瓶（100～1000ml），温度计，照度计，盐度计等。

2. **实验材料**　桡足类，单细胞藻（小球藻 *Chlorella pyenoidosa*、扁藻 *Platymonas subcordiformis*、三角褐指藻 *Phaeodactylum tricornutum* 等），消毒海水或消毒淡水。

四、方法与步骤

1. **桡足类分离**　取浮游动物网在河道或水池中拖网，捞取水样，快速移至实验室，采用水滴分离法进行分离。具体操作：用粗口胶头滴管吸取拖网水样，滴至消毒干净的凹玻片上，水滴应尽可能小，排成一排，取解剖镜或光学显微镜，在 4 倍和 10 倍的物镜下镜检每一水滴，若发现其中一水滴有桡足类幼体或成体，且无其他生物或污染，用另一消毒干净的吸管吸取消毒水，将含有桡足类的水滴用水冲至 100ml 消毒干净的锥形瓶中，每瓶放 2～4 尾，加消毒水 100ml 进行培养，加 1～5 ml 藻液，每隔 3～5d 换 1/2 或 1/3 新鲜水，15d 后计数桡足类数目。

2. **桡足类单因子培养**　取 9 个消毒的 1000ml 锥形瓶，按表 21-1 编号、贴上标签，加消毒海水或消毒淡水 400ml，用粗口胶头滴管吸取活体的桡足类，每个锥形瓶加桡足类成体 10 只，放入光照培养箱或常温下培养，控制条件：水温 20～25℃，光照强度 2000～3000lx。每天各加 2～10ml 混合藻液（视桡足类摄食情况和藻液浓度而定），每隔 2～3d 换水 1 次，换水量 1/3～1/2，盐度和水温尽量保持一致。试验开始时取 5 尾测量体长（mm）。15d 后测量桡足类的体长（mm）并全部计数。

表 21-1　不同饵料种类对桡足类生长与存活率的影响

指标	饵料种类								
	小球藻 *Chlorella pyenoidosa*			扁藻 *Platymonas subcordiformis*			三角褐指藻 *Phaeodactylum tricornutum*		
	A	B	C	A	B	C	A	B	C
试验结束平均体长/mm									
全部计数/ind									

五、结果与报告

将实验结果写成小论文，对结果进行分析讨论（用柱状图）。参考水产学报格式进行撰写。

六、思考题

1．桡足类分离时需要注意哪些事项？

2．影响桡足类生长和成活的因子有哪些？

实验二十二　枝角类的分离与培养

一、目的及要求

通过实验学习和掌握枝角类的分离与培养方法。

二、实验原理

水温、pH 和水质等是影响枝角类生长和存活的主要环境因子，食物（培养液）

种类和培养密度也是影响枝角类生长和生殖的重要因素。因此，在枝角类的培养中，首先要分离出活动力强、外形完整、无损伤的溞，选择最适的培养条件和营养液配方、浓度，以及溞的接种浓度。

三、实验材料和用具

1. **实验用具**　浮游动物网，烧杯，锥形瓶，光学显微镜，托盘天平，眼科剪，培养皿，凹玻片，滴管，电炉，滤纸，粗口胶头滴管，药棉等。

2. **实验材料**　溞（隆线溞、蚤状溞、多刺裸腹溞），稻草培养液，淡水小球藻。

四、方法与步骤

1. **采集与分离**　枝角类生活在各种淡水水域中，富营养的池塘中数量较多。采集时可用浮游动物网或烧杯直接捞取，放入盛有河水的容器中，带回实验室。在光学显微镜下进行种类鉴定并将溞用粗口胶头滴管吸出单独培养。

2. **培养**　枝角类对水质和水温有一定的要求，最好用泉水或过滤的池塘水，如用自来水，则应在阳光下曝气3～4d。培养时水温18～25℃，最适水温为24～25℃，最适pH为7.5～8.0。培养液根据情况可选择以下几种：①培养液1（牛粪1.5g＋稻草2g＋沃土20g＋水1L）；②培养液2（兔子粪1.5g＋青菜2.0g＋沃土20g＋水1L）；③淡水小球藻，密度为1.0×10^5～1.0×10^6个细胞/mL。培养时先将稻草或青菜清洗后剪断或切碎加水，煮沸5～6min，冷却后过滤，然后加入粪和沃土与水混合，并加入水至1L。用棒充分搅拌，静置2d后使用。用淡水小球藻培养时，将小球藻培养液注入培养器，使培养器内水由清变成淡绿色即可。每升水接种溞数个，引种后每隔5～6d追肥一次，定期清除培养器中的食物残渣和粪便，观察溞的生长和生殖情况。待溞大量繁殖后，可选取活泼健康的雌性幼溞放入盛有50ml培养液的玻璃小烧杯中单独培养。

五、结果与报告

1. 总结枝角类的分离和培养方法。
2. 根据实验观察结果描述枝角类的孤雌生殖方式。

六、思考题

1. 在准备培养液时，为何要将稻草或青菜清洗，并剪断切碎煮沸5～6min？
2. 枝角类的孤雌生殖有何特点？两性生殖有何特点？

实验二十三　卤虫卵的孵化与培养

一、目的及要求

通过实验使学生熟悉卤虫卵的孵化方法，掌握卤虫卵孵化率的测定技术，了解卤虫成体的培养方法。

二、实验原理

卤虫 *Artemia salina*，又称盐水丰年虫，目前在水产上被广泛应用。卤虫的发育过程中有变态，经历卵（原肠期）、前无节幼体、无节幼体、后无节幼体、拟成虫期幼体和成虫等阶段。目前卤虫的休眠卵（又称冬卵），外周包裹硬壳，卵壳部分包括 3 层结构。最外层是咖啡色硬壳层（chorion）。硬壳层的主要成分是脂蛋白、几丁质和正铁血红素。无节幼体（1 龄无节幼体）是卤虫在水产养殖上应用最普遍的形式。静止期的休眠卵由外界不良环境条件（包括低湿、低温、缺氧等）引起低代谢水平。处于静止期的卵，一旦外界环境条件得到改善，正常的新陈代谢就会恢复，并继续发育孵化出无节幼体。卤虫休眠卵经孵化出膜至无节幼体期需 24～36h（28～30℃）（图 23-1）。

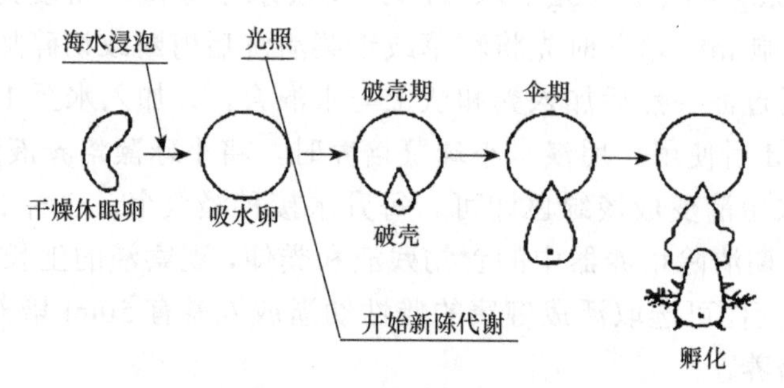

图 23-1　卤虫卵在孵化过程中的形态变化

卤虫卵的孵化率，是指每 100 个卤虫卵能够孵化出的无节幼体的数量。

三、实验材料和用具

1．**实验用具**　光照培养箱，小型充气泵，充气管，气石，盐度计，温度计，100ml 烧杯，1000ml 玻璃烧杯，1000ml 锥形瓶，黑布，120 目和 150 目的筛绢网袋，溶液胶头滴管，玻璃虹吸管，解剖针，载玻片，吸水纸等。

2．**实验材料**　卤虫卵，自来水，过滤海水，洁净淡水，次氯酸钠溶液或漂白粉，鲁氏碘液。

四、方法与步骤

（一）卤虫卵孵化

1．**准备工作**　准备好1000ml锥形瓶，装入1000ml过滤海水，将其放入光照培养箱。在锥形瓶中接入充气管和气石，接通小型充气泵。启动光照培养箱，调节温度为25～30℃，持续光照。

2．**卤虫卵的清洗、浸泡与消毒**　称取2～3g卤虫卵，将卤虫卵装入150目的筛绢网袋中，在自来水中充分搓洗，直至搓洗后的水较为澄清。然后将卤虫卵在洁净的海水中浸泡1h。为了防止卤虫卵壳表面黏附的细菌、纤毛虫及其他有害生物的危害，最好将浸泡后的卤虫卵用漂白粉（100mg/L）或次氯酸钠溶液（20ml/L）浸泡3～5min，再用海水冲洗干净。

3．**卤虫卵的孵化**　把消毒好的卤虫卵放入1000ml锥形瓶中，充气，调节气量的大小，使底部无卤虫卵沉积。孵化过程中观察卤虫卵的变化情况。一般卤虫卵的孵化时间采用24～30h。

4．**幼体采收**　经过24～30h后，当绝大多数可孵化的卤虫卵已孵出幼体后，及时将无节幼体分离采收。孵化结束后，停气，在锥形瓶中插入玻璃虹吸管。并全部蒙上黑布，静置10～30min。在黑暗环境中，未孵化的卵最先沉入容器底部，而卵壳则漂浮在水体表层。初孵无节幼体的运动能力弱，在黑暗中因重力作用大多聚集在水体的中下层。从锥形瓶中下层虹吸，用120目的筛绢网袋收集无节幼体。当锥形瓶中液面降到接近锥形瓶底部时，取走玻璃虹吸管。

5．**无节幼体分离**　将筛绢网袋中的无节幼体转移到装有干净海水的1000ml玻璃烧杯中，利用无节幼体的趋光性，进一步做光诱分离，得到较为纯净的卤虫无节幼体。

（二）孵化率的测定——数粒法

1．**受精卵选取**　取一干净载玻片，滴一滴海水，将解剖针针尖浸湿，蘸取少量（200粒左右）卤虫卵，转移到载玻片的水滴中。

2．**受精卵计数**　在载玻片上将虫卵用解剖针排成直线，缓慢移动载玻片，准确数100粒卤虫卵，用解剖针小心地将这100粒虫卵拨到载玻片的一端，多余的虫卵和水用吸水纸擦去。

（1）将载玻片倾斜，有虫卵的一端靠在100ml烧杯内壁，用胶头滴管吸取海水，从载玻片上端将虫卵全部转移到小烧杯内。

（2）向100ml烧杯中加入50ml海水，将100ml烧杯转移到光照培养箱中，控制光强为3000lx，温度为28℃。连续孵化24h。

（3）24h后将无节幼体用鲁氏碘液固定后，统计无节幼体的数量。

五、结果与报告

1．画出卤虫卵的孵化流程图。
2．计算卤虫卵的孵化率。

六、思考题

1．提高卤虫卵的孵化率可以采取哪些措施？
2．卤虫卵壳分离时应注意哪些问题？

实验二十四　虾蟹的环境因子耐受性测定

一、目的及要求

掌握虾蟹常见的环境因子，包括温度、盐度、pH、氨氮的耐受性测定方法。

二、实验原理

水温、盐度、pH和氨氮是影响水生动物生长和存活的主要环境因子，也是水产养殖活动中经常需要测定的指标。研究这些环境因子对虾蟹存活的影响主要是测定一定时间内不同环境条件下虾蟹的存活情况（耐受情况），通过存活率判断实验对象对这些环境因子的耐受性。

三、实验材料和用具

1．**实验用具**　20L塑料桶，充气泵，气石，温度计，盐度计，烧杯，量筒等。
2．**实验材料**　实验虾蟹（根据不同的地方合理取材），分析纯氯化铵。

四、方法与步骤

1．氨氮耐受性的测定

（1）准备不同浓度氨氮的养殖用水进行氨氮胁迫试验：用干燥的结晶氯化铵配成母液，然后根据需要稀释成不同浓度使用（除氨氮以外，其他环境因子保持不变）。将稀释好的母液倒入玻璃缸或塑料盒中。

（2）选择附肢完整、健康个体进行试验。

（3）个体称重并记录后，放入不同氨氮浓度的试验用水中（一般设5个浓度梯度，设1个空白对照组，每组设3个平行），每隔6～12h观察一次，记录存活情况。计算24h和48h的半致死浓度（LC_{50}）。

（4）将虾蟹的存活情况记录到表 24-1。

表 24-1　存活情况记录表

试验氨氮浓度/（mg/L）	试验虾蟹/尾	死亡率/%		
		24h	48h	72h
140	30			
120	30			
100	30			
80	30			
60	30			
0	30			

2．温度耐受性的测定

（1）每箱放幼虾（蟹）30 只，每试验设 3 个重复。试验期间，根据水温高低、摄食和活动情况换水与投饵，控制溶氧在 6.0mg/L 以上。温度梯度为 35℃、30℃、25℃、20℃、15℃、10℃、5℃，其中 25℃为适温对照组。

（2）每天观察记录 1 次各温度组的死亡、摄食及活动情况，并清除死亡个体、剩饵和粪便。每组测试时间为 15d（如果 15d 内全部死亡，则测试停止）。

3．盐度耐受性的测定

（1）不同盐度海水的配置：利用添加淡水（低于对照盐度）或者盐卤（高于对照盐度）的方法进行盐度调节。利用盐度计准确进行盐度测量。盐度梯度需要通过预实验进行确定。先设定高盐和低盐，盐度变化范围稍宽，但点较少。然后根据预实验结果调整盐度。

（2）实验分组：一般设定正常盐度对照组 1 个，实验组若干。各组设 3 个平行，每个平行 30 个个体。实验期间保持温度和 pH 稳定，定时投饵和清除残饵及粪便，控制溶氧在 6.0mg/L 以上。

4．pH 耐受性的测定

（1）不同 pH 养殖用水的配置（以海水为例）：使用 0.5mol/L 的 HCl 或 1mol/L NaOH 调节 pH，设置的 pH 梯度分别为 7.0、7.4、7.8、8.2、8.6、9.0、9.4 和 9.8。

（2）实验分组：一般设定正常盐度对照组 1 个，实验组若干。各组设 3 个平行，每个平行 30 个个体。实验期间保持温度和盐度稳定，定时投饵和清除残饵及粪便，控制溶氧在 6.0mg/L 以上。

（3）统计 24h、48h 和 72h 的死亡个体数，按照周一平（2003）的方法进行统计，计算 LD_{50}。

五、结果与报告

1．根据所做实验记录表格，计算半致死浓度。

2. 分析影响实验结果的主要因素。

六、思考题

1. 环境因子耐受性测定实验中，实验对象的选择需要注意哪些问题？

2. 环境因子耐受性测定实验中，预实验如何设定参数？

实验二十五　虾蟹标本的采集与制作

一、目的及要求

让学生亲自动手、仔细观察，进行标本的制作，掌握标本制作的原则，熟悉常见甲壳动物标本制作的方法和流程。

二、实验原理

常见的动物标本包括干制标本、剥制标本、骨骼标本、浸制标本等。虾蟹标本制作中常用的方式主要是浸制标本和干制标本。另外，蟹的外骨骼较硬，蜕壳时能将外骨骼整个蜕下，能保持生活状态的蟹的完整形态，因此可作为干制标本风干保存。

三、实验材料和用具

1. **实验用具**　标本瓶，玻璃条，细线，解剖针，解剖剪，镊子，药棉，注射器，大头针等。

2. **实验材料**　虾蟹标本材料，临时固定液，乙醚，乙醇，福尔马林（40%甲醛），凡士林，生石灰，清漆等。

四、方法与步骤

1. 标本采集

（1）野外采集：将采集的标本清洗干净，放入临时固定液进行固定，带回实验室进行整理。

（2）市场购买：当从市场购买虾蟹标本材料时，挑选附肢完整的个体带回实验室进行标本制作。

2. 虾蟹浸制标本的制作

（1）标本整理：选择形态典型、大小适当、完整无缺的个体进行标本制作。

（2）麻醉：用麻醉剂将标本麻醉，避免挣扎导致附肢脱落；常用的麻醉剂有乙醚、氯仿、乙醇等，海水种类可用淡水麻醉，淡水种类可用海水麻醉。

（3）杀死：动物经过一定时间麻醉后，使用适当的药剂将其杀死，以保持其外形和结构的完整。常用的固定剂有5%～10%的福尔马林、70%～80%的乙醇等。

（4）固定：固定可以使标本尽可能保持原形。常用的固定方法有干燥处理和浸制两种。常见的固定液有福尔马林（通常，标本固定液的浓度为10%，标本的保存液浓度为5%）、乙醇（一般使用浓度70%～80%）、中性甲醛溶液［5%（*V*/*V*）甲醛溶液加四水硼酸钠或六亚甲基四胺］、丙三醇乙醇溶液［75%（*V*/*V*）乙醇加50%（*V*/*V*）丙三醇等体积混合］、甲醛乙醇混合液（2%甲醛溶液与5%乙醇等体积混合）。

（5）封瓶，贴标签：在标本瓶口涂上凡士林，以防止固定液挥发。在标本瓶贴上标签（标签需要标明标本制作时间、标本名称、采集地、标本制作人等信息）。

3．虾蟹干制标本的制作

（1）虾类：用钳子压住虾体使其固定，用解剖针将其脑、心及脊髓破坏，使之慢慢致死或者采用麻醉剂麻醉后处死。将虾壳分离拉开，用解剖剪把虾壳内的肌肉、内脏及内容物全部剔除干净，再用生石灰粉填充虾壳内腔，盖紧虾壳，对虾腹部环节进行整形处理。刷上清漆，经数日自然风干后，虾体标本就可以长期保存。也可将虾体按一定形状固定并封干。制作完成后，需要贴上标签（标签内容可参考浸制标本）。

（2）蟹类：通过低温麻醉的方法使之不动，用解剖针缓慢刺入蟹的脑和心脏，使蟹致死。小心打开蟹体的头胸甲，用镊子等把头胸部肌肉和内脏挖净，仅保留蟹壳外形。用解剖刀在步足的活动关节处切开，小心把蟹肉剔除，用棉花把残肉和残液吸除干净，为了防止蟹体腐败，可再用药棉蘸10%甲醛溶液涂在腹部和头胸甲的内侧，其他挖不到的地方可用注射器注入甲醛溶液。在这个过程中要防止折断触角和步足。为了防止甲壳阴干后变形，可用干药棉填充蟹体内部。用大头针将其固定在底座上，摆正第1、2触角和步足，阴干后涂上1层清漆，贴好标签即成（标签内容可参考浸制标本）。另外，蟹蜕壳后剩下的壳，体形完整，经过风干处理可以作为标本保存。

（3）保存：标本通常用专用标本柜进行保存。干制标本为防止发霉受潮，需要在干燥通风处进行保存。同时，为避免阳光对标本的影响，需要避光保存。

五、结果与报告

描述标本制作过程，完成1份标本的制作。

六、思考题

1．常用的标本保存防腐剂有哪些？

2．甲壳动物标本制作有哪些注意事项？

实验二十六　虾蟹形态参数测量与分析

一、目的及要求

掌握虾蟹形态参数测量的方法，学会分析各形态参数之间的关系。

二、实验原理

形态参数是物种特征描述及生长判断的一类关键指标。常见的形态参数测量方法包括圆规直尺测量、游标卡尺测量等。通常圆规直尺测量的速度较快，但误差相对较大；而游标卡尺测量相对精确，但速度稍慢。

三、实验材料和用具

1．**实验用具**　电子天平，游标卡尺或直尺，天平，滤纸或其他吸水纸、毛巾等。

2．**实验材料**　虾蟹活体或标本。

四、方法与步骤

1．虾的测量

1）体重测量　取待测量虾，用滤纸或者吸水纸吸干体表水分，在电子天平上测量并记录体重，单位用 g 表示，精确到 0.1g。

2）长度参数测量　用游标卡尺或直尺测量并记录长度参数，单位为 mm，精确到 0.02mm。

3）其他指标（图 26-1）的测量

（1）体长：尾脊末端至眼柄基部。

（2）全长：尾脊末端至额角前端。

（3）各腹节高：各腹节的最大高度。

（4）各腹节宽：各腹节的最大宽度。

（5）各腹节长：各腹节的长度。

（6）头胸甲长：额角基部至头胸甲后缘中间的长度。

（7）头胸甲宽：头胸甲的最大宽度。

（8）腹部长：头胸甲后缘（中间）至尾节末端的长度。

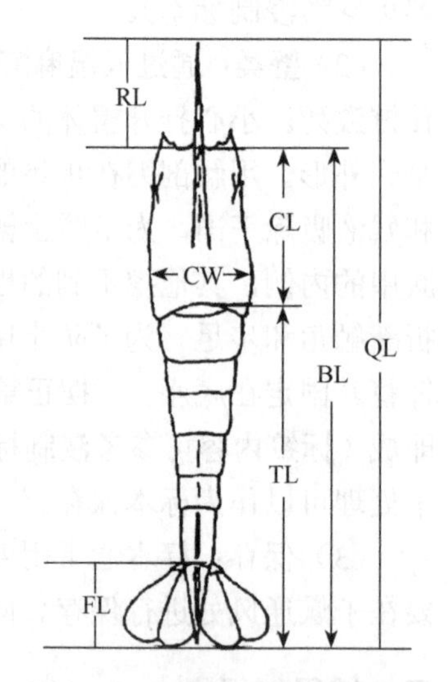

图 26-1　对虾形态性状测量部位示意图（仿刘小林等，2004；赵晓勤等，2006）

BL．体长；CL．头胸甲长；CW．头胸甲宽；TL．腹部长；QL．全长；FL．尾扇长；RL．额角长

（9）额角上刺和额角下刺数目：通过直接计数额角上刺和额角下刺个数得到。

（10）额角长：额角基部到额角顶端的长度。

（11）尾扇长：尾节基部到尾脊末端的长度。

2．蟹的测量（图 26-2）

1）体重测量　　取待测蟹，用毛巾或者吸水纸吸干体表水分后，在电子天平上测量并记录体重，单位用 g 表示，精确至 0.1g。

2）长度参数测量　　用游标卡尺测量并记录长度参数，单位为 mm，精确至 0.1mm。

3）其他指标的测量

（1）全甲宽：头胸甲的最大宽度（左右两侧之间）。

（2）甲宽：头胸甲的最大宽度（左右两侧之间）。

（3）全甲长：头胸甲前后缘之间的长度。

（4）第 1 侧齿间距：左右两第 1 侧齿间的距离。

（5）第 2 侧齿间距：左右两第 2 侧齿间的距离。

（6）大螯不动指长：大螯不动指基部到末端的长度。

（7）大螯不动指宽：大螯不动指的最大宽度。

（8）大螯不动指高：大螯不动指的最大高度。

（9）大螯长节长：大螯长节的最大长度。

（10）第 1 步足长节长：第 1 步足长节的最大长度。

（11）第 1 步足长节宽：第 1 步足长节的最大宽度。

（12）体高：头胸甲背面与腹面之间的最大距离（厚度）。

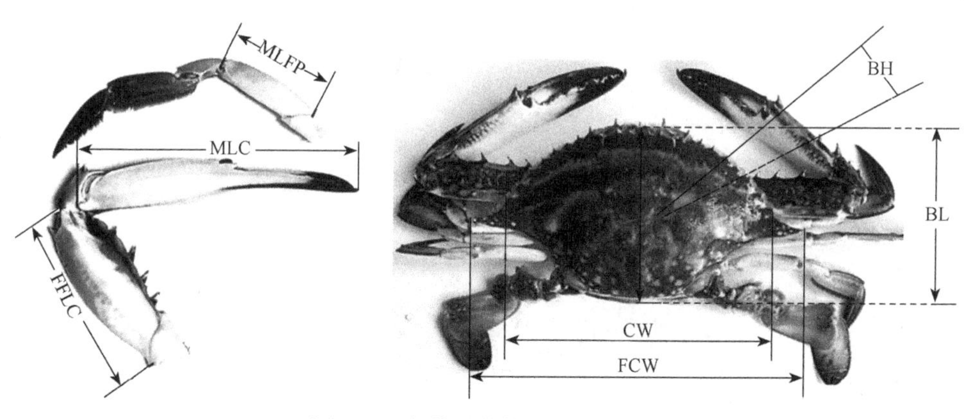

图 26-2　蟹的形态性状测量示意图

FCW．全甲宽；CW．甲宽；BL．体长；BH．体高；MLC．大螯不动指长；FFLC．大螯长节长；MLFP．第 1 步足长节长

3．数据处理与分析　　将数据输入 Excel 表格中，对各性状测定结果进行整

理，获得各性状表型参数后，用 SPSS 软件进行表型相关性分析，判断各性状之间的相关性。

五、结果与报告

分析虾蟹形态对体重的影响，明确影响虾蟹体重的主要形态参数。

六、思考题

1. 进行虾蟹形态参数测量时，如何降低人为操作引起的误差？
2. 体重与体长之间有什么关系？

主要参考文献

陈孝煊，吴志新．1995．澳大利亚红螯虾对水中氨氮浓度耐受性的研究．水产科技情报，22（1）：14-16

成永旭．2005．生物饵料培养学．北京：中国农业出版社

董世瑞，孔杰，万初坤，等．2007．中国明对虾形态性状对体重影响的通径分析．海洋水产研究，28（37）：15-22

堵南山．1973．中国常见淡水枝角类检索．北京：科学出版社

堵南山，赖伟， 安婴， 等．1992a．中华绒螯蟹受精的细胞学研究．中国科学（辑），3：260-265

堵南山， 赵云龙， 赖伟．1992b．中华绒螯蟹胚胎发育的研究．甲壳动物学论文集（第三辑）．青岛：青岛海洋大学出版社：128-135

高保全，刘萍，李健，等．2008．三疣梭子蟹形态性状对体重影响的分析．海洋水产研究，29（1）：44-50

郭晓鸣，朱松全．1997．克氏原螯虾幼体发育的初步研究．动物学报，43（4）：372-381

胡守义．1996．罗氏沼虾人工育苗技术．水产科学，15（1）：21-22

胡晓娟，徐煜，曹煜成．2021．全彩图解南美白对虾高效养殖与病害防治．北京：化学工业出版社

黄诗笺．2001．动物生物学实验指导．北京：高等教育出版社

姜乃澄，卢建平．2001．动物学实验．杭州：浙江大学出版社

姜乃澄，卢建平．2001．动物学实验指导．杭州：浙江大学出版社

蒋霞敏．2010．营养与饵料生物培养实验教程．北京：高等教育出版社：116-122

蒋霞敏，王春琳．2003．黑斑口虾蛄幼体的发育．中国水产科学，1：19-25

蒋燮治，堵南山．1979．中国动物志（淡水枝角类）．北京：科学出版社

李新正，甘志彬．2022．中国近海底栖动物分类体系．北京：科学出版社

李增崇，高体佑．1981．罗氏沼虾．南宁：广西人民出版社

梁华芳．2013．虾蟹类生物学．北京：中国农业出版社

梁象秋．2000．白虾属二新种（十足目：长臂虾科）．动物分类学报，25（3）：277-278

梁象秋，严生良，郑德崇，等．1974．中华绒螯蟹的幼体发育．动物学报，20（1）：61-68

刘海映，谷德贤，李君丰，等．2009．口虾蛄幼体的早期形态发育特征．大连水产学院学报，24（2）：100-103

刘凌云，郑光美．1998．普通动物学实验指导．2 版．北京：高等教育出版社

刘凌云，郑光美．2009．普通动物学．4 版．北京：高等教育出版社

刘瑞玉，王永良．1987．中国近海仿对虾属的研究．海洋与湖沼，18（6）：523-538

刘小林，吴长功，张志怀，等．2004．凡纳滨对虾形态性状对体重的影响效果分析．生态学报，24（4）：857-862

慕峰，吴旭干，成永旭，等．2007．克氏原螯虾胚胎发育的形态学变化．水产学报，31（s）：6-11

彭爱君．2011．论中学生物标本的规范化管理．当代教育理论与实践，3（10）：16-17

隋延鸣，高保全，刘萍，等．2012．三疣梭子蟹“黄选 1 号”盐度耐受性分析．渔业科学进展，32（2）：63-68

孙颖民，闫愚，孙进杰．1984．三疣梭子蟹的幼体发育．水产学报，8（3）：219-226

王桂忠，李少菁，曾朝曙，等．1995．环境因素诱发锯缘青蟹幼体发育期变化的研究．海洋科学，5：60-63

王红勇，姚雪梅．2007．虾蟹生物学．北京：中国农业出版社

魏崇德．1991．浙江动物志（甲壳类）．杭州：浙江科学技术出版社

吴志新，陈孝煊，李明．1997．红螯螯虾对温度耐受性的试验．水利渔业，3：12-13

薛俊增，堵南山．1993．甲壳动物学（下册）．北京：科学出版社

薛俊增，堵南山，赖伟．1998．三疣梭子蟹活体胚胎发育的观察．动物学杂志，33（6）：45-49

薛俊增，堵南山，赖伟．2001．三疣梭子蟹胚胎发育过程中卵内幼体形态．动物学报，47（4）：447-452

曾朝曙，李少菁，曾辉．2001．锯缘青蟹 *Scylla serrata* 幼体形态观察．湛江海洋大学学报，21（2）：1-6

曾错．2006．多刺裸腹溞（*Moina macrocopa*）生殖腺发育和胚胎发育的形态学研究．上海：华东师范大学硕士学位论文

张伟权．1990．世界重要养殖品种——南美白对虾生物学简介．海洋科学，3：69-73

赵朝阳，周鑫，袁新华，等．2010．罗氏沼虾溞状幼体的形态特征．广东海洋大学学报，3（4）：1-6

赵晓勤，倪娟，陈立侨，等．2006．日本沼虾 4 种群的形态差异分析．中国水产科学，13（2）：224-229

郑伟．2009．水生经济种类生物标本的制作与保存．中国渔业经济，27（6）：138-142

郑雅友，李正良，杨章武，等．2006．眼斑猛虾蛄幼体的发育．水产学报，30（1）：42-49

郑重，李少菁，连光山．1992．海洋桡足类生物学．厦门：厦门大学出版社

周凤霞，陈剑宏．2005．淡水微型生物图谱．北京：化学工业出版社：351-359

周一平．2003．用 SPSS 软件计算新药的 LD_{50}．药学进展，27（5）：314-316

Menon M. K. 1937. Decapod larvae from the Madras plankton. Bull. Madras Govt Mus. (Nat. Hist.), 3(5):1-55

Subrahmanyam C. B. 1965. On the unusual occurrence of penaeid eggs in the inshore waters of Madras. J. Mar. Biol. Ass. India, 7(1): 83-88